Technik im Zitat

TECHNIK IM ZITAT

Von Peter Hoßfeld
und Michael Strich

VEB Deutscher Verlag
für Grundstoffindustrie, Leipzig

ISBN 3-342-00322-7

INHALT

VORWORT

Das Wort *Technik* zählt zu den sehr häufig gebrauchten im Sprachschatz unserer Zeit. Mit dem Begriff Technik verbinden sich Assoziationen von einer nahezu unbegrenzten Macht des Menschen über die Natur, von der Möglichkeit, daß alles machbar zu sein scheint, wenn man nur die entsprechenden technischen Mittel entwikkelt. Zunehmend werden aber auch Ängste und Besorgnisse geäußert, daß Technik gegen ihren Schöpfer, den Menschen, gerichtet werden kann, daß das Menschsein durch sie gefährdet wird. Vertreter der Technik haben in der Geschichte der menschlichen Gesellschaft einen festen Platz. Die Namen solcher hervorragender Gelehrter, Ingenieure und Techniker wie Archimedes, Leonardo da Vinci, Georgius Agricola, Otto von Guericke, James Watt, George Stephenson, Thomas Alva Edison und Rudolf Diesel unterstreichen dies.

Der Begriff Technik beschreibt ein gesellschaftliches Phänomen, das die Existenzbedingungen des Menschen grundlegend beeinflußt und verändert hat, das es ermöglicht, die Naturkräfte und -stoffe immer mehr in den Dienst des Menschen zu stellen. Der Technikbegriff im heutigen Sinne ist untrennbar mit dem Arbeitsprozeß, mit der Auseinandersetzung zwischen Mensch und Natur verbunden. Es ist hier nicht möglich, aus philologischer Sicht zu klären, wo der Begriff der Technik im einzelnen seinen Ursprung hat und wie sich seine Bedeutung im Verlaufe der Jahrtausende gewandelt hat. Der aus dem Griechischen entstammende Begriff «techne» weist ursprünglich einen ausgesprochen weiten Bedeutungsumfang auf. Er beinhaltet Kunst, Geschicklichkeit, Gewandtheit, Sachkenntnis, Fertigkeit, insbesondere Kunstgeschick, teils mechanisches, wie Handwerk, Gewerbe, teils geistiges, wie Weissagekunst, Regierungskunst o. ä. Erst mit der immer breiteren Anwendung technischer Hilfsmittel, dem Aufkommen von Maschinen und der Entwicklung der Industrie im 19. Jahrhundert wird der Begriff der Technik zunehmend im heute gebräuchlichen Sinn verwandt. Damit verlief die Bedeutungsentwicklung des Begriffs in Richtung der Erzielung des Nützlichen und nicht mehr auch des Schönen. Der Einfluß der Entwicklung der Produktivkräfte auf den Bedeutungsumfang ist seit dieser Zeit unmittelbar sichtbar. Technik wird primär im Zusammenhang mit dem gesellschaftlichen Produktionsprozeß gesehen. Begriffswandlungen liegen bekanntlich objektive Prozesse zugrunde, Prozesse, die mit der Schaffung und

Sicherung der Existenzgrundlagen des Menschen verknüpft sind.

Technik ist auf die Befriedigung menschlicher Bedürfnisse gerichtet, und sie erreicht das durch ihre Wirkung auf die Erhöhung der Produktivität der menschlichen Arbeit; Technik als Multiplikator der physischen und psychischen Leistung des Menschen. Die Geschichte der Technik unterstreicht das sehr nachhaltig. Erinnert sei an die revolutionierende Wirkung der Wattschen Dampfmaschine, ihren Einsatz im Bergbau, in der Spinnerei und Weberei sowie im Verkehrswesen, an die Dynamomaschine von Siemens, die Verfahren zur Kohlenverflüssigung von Bergius, Fischer und Tropsch und nicht zuletzt an den ersten Atomreaktor und Raumflugkörper. Seit der ersten industriellen Revolution weist aber auch die soziale Wirkung der technischen Entwicklungen eine neue Qualität auf. So hat die Dampfmaschine eine völlig neue Art der gesellschaftlichen Produktion bewirkt, die Umwälzung gesellschaftlicher Verhältnisse gefördert. Die Entwicklung des Aktionsfeldes des Menschen, die Schaffung neuer, besserer Existenzbedingungen für eine Vielzahl von Menschen, die Befriedigung von Bedürfnissen in quantitativ und qualitativ neuen Dimensionen – all das waren Produkte, Resultate der Technik. Dieser Zusammenhang zwischen technischer und sozialer Entwicklung vertieft sich seitdem immer mehr und vor allem immer schneller. Er ist heute ein entscheidender Gradmesser für das wirkliche humanistische Anliegen einer Gesellschaft.

Nicht zu übersehen ist auch eine zweite Entwicklungslinie, die von der Entwicklung des Schießpulvergeschützes (um 1320) über das Zündnadelgewehr (1836) bis hin zur Atombombe (1945) reicht. Hier handelt es sich um das destruktive, zerstörende Moment der Technik. Historische Tatsachen belegen eindeutig, daß diese beiden grundlegenden Potenzen der Technik von ihrer gesellschaftlichen Grundlage abhängig sind. Die Technik selbst birgt weder eine Gefahr für die Umwelt noch für die Menschen in sich.

Nur ihre mißbräuchliche Anwendung oder ihre unvollkommene Beherrschung sind die Quellen großer Gefahr.

An der Schwelle einer neuen technischen Revolution stehend, erleben wir zur Zeit eine geradezu atemberaubende Potenzierung der Möglichkeiten der Technik. Fragen der Rolle der Technik im Lebensprozeß der Gesellschaft stellen sich von neuer Warte aus. Neben den traditionellen Begriffspaaren Technik–Mensch, Technik–Nützlichkeit, Technik–Ökonomie begegnen uns zunehmend solche wie Technik–Umwelt, Technik–soziale Entwicklung, Technik–Kunst, Technik–Harmonie, Technik–Schönheit.

Mit Hilfe der Technik werden

reale Möglichkeiten eröffnet, für alle Menschen ein sinnerfülltes und reiches Leben zu gewährleisten, aber ebenso erstmalig schafft sie die Möglichkeit der vollständigen Vernichtung der Menschheit, ihres eigenen Schöpfers.

Ist der Mensch Beherrscher der Technik oder ist er im Gegensatz ihr ausgeliefert? Das sind sicherlich extrem formulierte Fragestellungen, die auf den Sinn der Technik für die Gesellschaft und für das einzelne Mitglied hinzielen, Fragen, die die Verantwortung der Gesellschaft wie des einzelnen für technische Entwicklungen berühren. Letztlich geht es auch um fachliche Qualifikation, Verantwortung, moralische Integrität, um das Ethos derjenigen, die die Technik entwerfen, entwickeln, produzieren und anwenden. Die sozialistische Gesellschaft hat diese Frage eindeutig beantwortet. Eine pessimistische Haltung zur Technik ist ihr ebenso fremd wie ein blinder Technikglaube. Damit ist auch die Wirkungsrichtung eindeutig bestimmt. Technik ist stets dem humanitären Anliegen dieser Gesellschaft untergeordnet, Technik wird als eine wesentliche und notwendige Bedingung verstanden, das erklärte Ziele der Gesellschaft, die «allseitige Wohlfahrt ihrer Mitglieder» (Lenin), zu sichern, zu erreichen. Insofern sind die Ausprägung einer produktiven Haltung zur Technik, die Forderung und Förderung von Kreativität und Schöpfertum bei technischen Entwicklungen grundsätzliche Anliegen der sozialistischen Gesellschaft.

Aus diesem Kontext heraus ist die vorliegende Auswahl von Zitaten zur Technik zu sehen. Es ist das Anliegen der Herausgeber, Technikern, Ingenieuren und vor allem Technikinteressierten Anregungen über dieses gesellschaftliche Phänomen zu geben, Einblicke in die Technikentwicklung sowie nicht zuletzt auch Unterhaltung zu vermitteln und so eine bewußte Haltung zur Technik mit ausprägen zu helfen. Dazu wurden Aussagen von Technikern, Ingenieuren, Philosophen, Schriftstellern und Vertretern anderer Berufe über die Technik und mit ihr verbundene Gebiete ausgewählt und versucht, diese zu einem mosaikartigen Bild zusammenzufügen.

Die vorliegende Auswahl konzentriert sich vor allem auf Äußerungen von Gelehrten, Ingenieuren und Technikerpersönlichkeiten bis zum beginnenden 20. Jahrhundert. Aus diesem Umstand heraus ergibt es sich, daß es nicht möglich war, die Technik in ihrer Breite, Differenziertheit und in ihrer Modernität zu erfassen und zu jeder Technikrichtung entsprechende Zitate anzuführen. Das geschieht nur beispielhaft für den Bergbau und die Metallurgie als zu den ältesten Technikanwendungen gehörenden Richtungen. Es wird vielmehr versucht, den Begriff der Technik von seiner

Bedeutung für die Gesellschaft sowie seiner Einordnung und Entwicklung her zu erfassen. Aus diesen Gründen stehen Zitate zum Zusammenhang zwischen Fortschritt und Technik neben Aussagen über Gefahren der Technik, werden Äußerungen zur Entwicklung der maschinellen Technik als einer grundlegenden Komponente technischer Entwicklung herausgegriffen.

Andererseits werden jene Menschen charakterisiert, deren Tun mit der Technik, mit technischem Fortschritt eng verknüpft ist, Ingenieure und Techniker. Und da deren Tätigkeit, deren Schöpfertum, darin kulminiert, zu erfinden, wird dem Erfinden und den Erfindern ein breiter Raum gewidmet.

Generell wird sichtbar, daß die Technik untrennbar mit der Wissenschaft verbunden ist. Das äußert sich wohl auch darin, daß Technik ohne wissenschaftliche Grundlagen – erkannte oder nicht erkannte – nicht denkbar war und ist, daß der Ingenieur stets wissenschaftliche Arbeitsmethoden anwendet und aus der technischen Entwicklung neue Anforderungen an die Wissenschaft entstehen.

Abschließend sei noch auf die Grenzen einer solchen Sammlung hingewiesen. Vollständigkeit war weder erreichbar noch gewollt. Diese Auswahl von Aphorismen, Zitaten und Sprichwörtern trägt ebensowenig den Charakter einer fachwissenschaftlichen Abhandlung wie den einer Chrestomathie über die Technik. Aus dieser Sicht heraus will sie auch keinen lexikalischen Ansprüchen genügen.

Peter Hoßfeld
Michael Strich

James Watt

I. TECHNIK

Technophyum, eine Werckstatt, daraus vielerley Künste hervor kommen und gleichsam als von der Natur selbst gezeuget werden.

Aus dem 18. Jahrhundert

Die Technik als die Kunst, Kräfte und Stoffe der jeweils gestellten Aufgabe entsprechend in den Dienst des Menschen zu stellen, begleitet die Menschheit auf ihrem Entwicklungswege.

Conrad Matschoß

Technik ist die Kunst, Naturerscheinungen planmäßig und auf Grund der erkannten natürlichen Wechselwirkung der Dinge ins Leben zu rufen.

P. K. von Engelmeyer

Der Mensch kann in seiner Produktion nur verfahren, wie die Natur selbst, d. h. nur die Formen der Stoffe ändern. Noch mehr. In dieser Arbeit der Formung selbst wird er beständig unterstützt von Naturkräften. *Karl Marx*

Wir sind einzig und allein das, wozu uns die umgebenden Dinge machen. *Helvetius*

Man kann ... die Technik auch definieren als die Betätigung des bewußten Geistes zur Umgestaltung der Rohstoffe für die Zwecke der Kultur, oder kürzer gesagt, als die bewußte Gestaltung der Materie.

Ulrich Wendt

Wie aber der Mensch eine Lunge zum Atmen braucht, braucht er ein Gebild von Menschenhand, um Naturkräfte produktiv zu konsumieren. Ein Wasserrad ist nötig, um die Bewegungskraft des Wassers, eine Dampfmaschine, um die Elektrizität des Dampfes auszubeuten. *Karl Marx*

Die Technik im Bündnis mit dem Abgeschmackten ist die fürchterlichste Feindin der Kunst.
Johann Wolfgang von Goethe

Technik ist Gestaltung durch kunstmäßiges Handeln an den natürlichen Formen und Stoffen zu menschlichen Zwecken.
Max Schneider

Alles, was die moderne Technik wirklich kennzeichnet, steht ohne Frage mit den Maschinen in deutlichem Zusammenhang.

Eugen Diesel

Technik: das sind auch die aufgespeicherten Resultate der langen Kämpfe gegen die Feinde der Menschen. Insofern ist sie zu preisen.

Ludwig Marcuse

Die Vollkommenheit der Technik, könnte man beinahe sagen, schließt die Kunst aus in allem, was zum Lebensgenuß, zum Komfort und so weiter gehört, weil sie auf das Mathematische, das heißt auf das Notwendige geht.

Johann Wolfgang von Goethe

Die Technik ist das Mittel, um die Leistung über das uns von der Natur gegebene Maß hinaus zu steigern, oder alles, was uns in den Stand setzt, unsere Leistungen zu steigern, ist Technik.

Fritz Hahne

... und noch ist kein Abschluß da, noch jeden Tag wirft die Technik alles eben erst Eingeführte rücksichtslos über den Haufen.

Friedrich Engels

Fortschritt von Technik und Wissenschaft bedeutet in der kapitalistischen Gesellschaft Fortschritt in der Kunst der Schweißauspressung.

Wladimir Iljitsch Lenin

Die Technologie enthüllt das aktive Verhalten des Menschen zur Natur, den unmittelbaren Produktionsprozeß seines Lebens, damit auch seiner gesellschaftlichen Lebensverhältnisse und der ihnen entquellenden geistigen Vorstellungen. *Karl Marx*

Die Menschheit, die ihre Phantasie an die Erfindungen verausgabt hat, kann sich deren Wirksamkeit nicht mehr vorstellen – sonst würde sie aus Reue eben damit Selbstmord verüben. *Karl Kraus*

Das Streben nach Erkenntnis ist ein Grundzug des Menschen und das Merkmal seiner höheren Abstammung. *Max von Laue*

Es gibt kaum eine Technologie, die nicht zweischneidig ist, wie das Beispiel der Sensen zeigt, welche die Hethiter an den Rädern ihrer Kampfwagen befestigten, oder die sprichwörtlichen zu Schwertern umgeschmiedeten Pflugschare. Im Grunde ist jede Technologie eine künstliche Verlängerung der natürlichen, allem Lebendigen angeborenen Tendenz, die Umwelt zu beherrschen oder ihr zumindest nicht im Kampf ums Dasein zu unterliegen.

Stanislaw Lem

Die Technik ist ein Dienstbote, der nebenan so geräuschvoll Ordnung macht, daß die Herrschaft nicht Musik machen kann. *Karl Kraus*

Das erste Prinzip, auf dem die moderne Technik aufgebaut ist, ist formaler Natur: es beruht in der Anwendung der Naturwissenschaften auf die Technik und die dadurch bewirkte Umwandlung des empirischen in das wissenschaftliche oder rationelle Verfahren. *Werner Sombart*

Mit Fortschritt und Entwicklung hat Glaube und Zweifel nichts zu tun. Nur der Tätige bringt die Welt weiter, und da sowohl der Gläubige als der Zweifler tätig sein können, so wird es das beste sein, jeden in demjenigen Seelenzustand zu belassen, der eben seiner Tätigkeit förderlich ist.

Arthur Schnitzler

Man kann Erfindungen, Entdeckungen, den Gang der Wissenschaft nicht aufhalten, aber um sie für das Glück der Menschheit nützlich zu machen, muß man sie in den Dienst der allgemeinen Entwicklung der schöpferischen Fähigkeiten der Menschen stellen.

Elsa Triolet

Der wesentliche Zug der Technik ist die steigende Organisation. Sie nun drängt notwendig zum Großgewerbe; denn nur dieses nützt jedes Werkzeug, jede Kraft, jeden Stoff fast restlos aus, arbeitet dadurch am wohlfeilsten und führt der nationalen Wirtschaft die größte Menge reiner Werte zu.

Eduard von Mayer

Die Technik folgt dem Prinzip der Ökonomie, dem Prinzip des kleinsten Kraftmaßes, des kürzesten Weges und der kleinsten Zeit – es gilt der «energetische Imperativ»: «Vergeude keine Energie, verwerte sie!»

Eduard Zschimmer

Technisches Ideal ist das Zweckmäßige um des Zweckmäßigen willen. Daraus folgt, daß man durch seine Konstruktion mit den geringstmöglichen Mitteln das Bestmögliche zu erreichen streben soll. *Bernhard Bavink*

Das Bedeutende will jedermann, nur soll es nicht unbequem sein.

Johann Wolfgang von Goethe

Fortschritt – das ist Genie plus Auftraggeber. Ohne Auftraggeber würden selbst die genialsten Ideen zugrunde gehen, unbekannte Soldaten in den Schützengräben der Gehirnwindungen.

Jewgeni Jewtuschenko

Das Gelangen zu den einfachsten Erfindungen und Grundsätzen hat Millionen das Leben gekostet, die auf dem Wege starben. Ist es denn nicht einfach so, daß zu einer Zeit, wo der Gang der Geschichte rascher ist, auch mehr Menschen außer Atem kommen?

Georg Büchner

Kultur ist geduldig, Technik ist ungeduldig. *Gustav Radbruch*

Ich glaube, es dürfte wohl selbst dem unverständigsten Laien klar werden, daß ein Klavierspieler unter dem Worte Technik doch etwas ganz anderes versteht als der Klavierbauer, der die technische Leistung in den Funktionen eines modernen Steinwayflügels bewundert.

Eberhard Zschimmer

Wenn ich die schönste Maschine dastehen habe, das ist keine Technik; erst dann, wenn ich sie in Betrieb setze, ist es etwas Technisches, und ebenso, wenn ich sie herstelle ... Lebendiges Wirken im Zusammenhang mit dem Werkzeug nenne ich Technik.

Hermann Staudinger

Die Wahrheiten der Technologie beruhen teils auf Erfahrungen, teils auf Schlüssen aus jenen und richtigen physikalischen, chemischen und mathematischen Grundsätzen.

Georg Friedrich von Lamprecht

Die Technologie, Kunstgeschichte, Stadtwirtschaft, Fabrikwissenschaft, ist diejenige Wissenschaft, welche die Grundsätze und Mittel lehret, nach welchen und durch welche alle diejenigen Naturalien, die in dem Zustande, in welchem sie die Natur uns gab, entweder gar keinen oder nur einseitigen Nutzen haben, auf die beste Weise dargestellt, verarbeitet werden, als es zur Befriedigung menschlicher Bedürfnisse verschiedener Art erforderlich ist, mit Ausnahme derjenigen Verarbeitungen, die blos und allein einen arzneilichen Gebrauch gewähren.

George Friedrich von Lamprecht

Für die moderne Technologie ist es eine Binsenweisheit, daß sich gewisse Probleme mit einem hohen Maß an Wahrscheinlichkeit lösen lassen, auch wenn man zunächst noch keine Ahnung hat, worin diese Lösung bestehen könnte.

John Kenneth Galbraith

Thomas Alva Edison

II. TECHNIK UND FORTSCHRITT

Wir haben den Fortschritt aufs Pferd gesetzt, und nun reitet er, wir sind das Pferd, und er treibt uns an mit Peitsche und Sporn.

Jurij Brežan

Das Netz der Mechanisierung ist international; niemals waren die Völker einander so nahe, niemals haben sie der Wechselwirkung so bedurft, einander so viel besucht und so gut gekannt.

Walther Rathenau

Der Mensch, der nur etwas Neues will, kommt zu dem verfluchten Unsinn, daß die Eisenbahn ein Fortschritt und das Klavier die Ursache von Beethovens Sonaten ist.

Bertolt Brecht

Wesen und Kennzeichen der Wissenschaft ist: rationelle Vorhersagen. Die großen Fortschritte der Technik sind erst dann zu erwarten, nachdem die Wissenschaft ohne Rücksicht auf den Sonderfall die Fragen allgemein geklärt hat.

Wilhelm Ostwald

Auch die überraschendsten Leistungen der Technik waren vorausgeschaut. *Eugen Diesel*

Die Lawine des Fortschritts und der Wissenschaft hat den Menschen in Verwirrung gestürzt, unfähig sich anzupassen, leidet er an einem beklagenswerten Mangel an moralischer Initiative.

Walter Gropius

Es wurde mir klar, daß technischer Fortschritt nur durch Verbreitung naturwissenschaftlicher Kenntnisse unter den Technikern erreicht werden könnte.

Werner von Siemens

Das wahre und rechtmäßige Ziel der Wissenschaften ist kein anderes, als das menschliche Leben mit neuen Erfindungen und Mitteln zu bereichern. *Francis Bacon*

Das ganze Leben des Menschen ist so sehr von technischer Tätigkeit durchflochten, daß man sich fragt, ob die Idee des Menschen nicht vorwiegend durch sein technisches Wirken zum Ausdruck kommt. *Eugen Diesel*

Der Fortschritt besteht nicht darin, das Gestern zu zerstören, sondern seine Essenz zu bewahren, welche die Kraft hatte, das bessere Heute zu schaffen.

José Ortega y Gasset

Ohne einen unbeugsamen Willen kann man auch die wertvollsten Verbesserungen nicht durchsetzen, denn gegen jede Änderung, habe sie auch die edelsten Ziele, wird sich immer eine Majorität erheben, die das Alte behalten will.

Wilhelm Ostwald

Ratlosigkeit und Unzufriedenheit sind die ersten Vorbedingungen des Fortschritts.

Thomas Alva Edison

Trotz dieser gelehrten Disputanten, dieser alles wissenden Doktoren verdanken die Reiche der Welt ihren Frieden, ihre Verteidigung und ihre Freiheit den ungeschulten Staatsmännern, und die ungebildeten Handwerker brachten ihnen den Fortschritt in den nützlichen Künsten. *John Locke*

Man spreche nicht von der Technik als der einzigen positiven Sache, als der einzigen unveränderlichen Wirklichkeit des Menschen. Das ist eine Dummheit, und je blinder die Techniker dafür sind, desto wahrscheinlicher ist es, daß die gegenwärtige Technik einstürzt und zusammenbricht.

José Ortega y Gasset

Wo immer etwas Großes geleistet worden ist auf dem Amboß der Technik, da waren Hammerschläge nötig. Widerstände mußten niedergebrochen, Zeitmeinungen zusammengehämmert werden, damit die neue Form mit unbeugsamer Gestaltungskraft herauswachsen konnte, allen finanziellen Hemmungen und geschäftlichen Widerständen zum Trotz. *Carl Benz*

Die Technik beruht auf einem fortgesetzten Kampf mit der Natur, und sie leistet diesen Kampf nicht nur, sie führt auch selber Axt und Hammer. Beide Seiten sind gleich wichtig und gleich produktiv.

Ulrich Wendt

Wollen wir die Natur begreifen, so müssen wir sie als unvollständig setzen, um so zu einem unbekannten Wechselgliede zu gelangen. Alle Bestimmung ist relativ. *Novalis*

Der Fortschrittsglaube hat in dem Wahn, daß man ein Niveau erreicht habe, in dem kein wesentlicher Rückschritt mehr möglich sei ..., die Nägel der menschlichen Vorsicht gelockert und möglich gemacht, daß die Barbarei wieder in die Welt einbrach.

José Ortega y Gasset

Den Fortschritt verdanken die Menschen den Unzufriedenen.

Aldous Huxley

Wissenschaftlicher Fortschritt reift wie die Frucht auf dem Felde. Die Technik erfuhr gerade von solchen Erfindungen her stärkste Impulse, die nicht unter dem Gesichtspunkt augenblicklicher Verwertbarkeit gemacht worden sind.

Ferdinand Sauerbruch

Mir scheint, die Menschen kennen weder ihre Mittel noch ihre Kräfte richtig, von jenen halten sie in der Tat mehr, von diesen weniger, als richtig ist. *Francis Bacon*

Die meisten Menschen sind unfähig, in einer Welt zu leben, wo der ausgefallenste Gedanke in Sekundenschnelle Wirklichkeit werden kann. *Albert Camus*

Forschen nach Wahrheit ist das Forschen nach dem uns nicht unmittelbar gegenwärtigen Wirklichen. Wirklicher Fortschritt ist, was Fortschreiten ermöglicht oder erzwingt. *Bertolt Brecht*

Der Einzelne ist es, der etwas Neues entdeckt. Aber was es auch sei, je komplizierter die Welt wird, um so weniger sind wir imstande, ohne die Mitarbeit von anderen zum Erfolg zu gelangen.
Alexander Fleming

Die Lokomotive ist nicht die Erfindung eines einzelnen, sondern die einer Generation von Ingenieuren.
George Stephenson

Unsere Generation hat das Privileg, dem merkwürdigen Schauspiel beizuwohnen, in dem die Menschheit, die ihre Seele der Wissenschaft verkauft hat, verzweifelt versucht, den durch ihren technischen Fortschritt heraufbeschworenen Untergang aufzuhalten. *René Clair*

Heute haben wir einen besseren Weg zur Weiterentwicklung der Produktionsmethoden, und zwar können wir diesen Prozeß des Erprobens und Abänderns in der Technik durch die ihm zugrundeliegenden Gesetze beschleunigen und damit das Tempo des technischen Fortschritts direkt beeinflussen. *John Desmond Bernal*

Die Technik spendet nichts, sie organisiert den Bedarf.

Friedrich Georg Jünger

Das Beste im Neuen entspricht einem alten Bedürfnis. *Paul Valéry*

Die Zeit enthält nie ausschließlich günstige Faktoren. Wer abwarten will, bis alle optimalen Faktoren sich in einem Zeitpunkt vereinigen, wird nie etwas unternehmen; tut er es dann schließlich doch, geschieht es meistens zu seinem Nachteil. *Niccolò Machiavelli*

Der große Rausch der Technik, der die Menschheit einst beherrschte, ist längst einem edleren, beherrschteren Verhältnis zur Maschine gewichen. Wie ein Künstler den Beschauer nicht unaufhörlich auf die technischen Erfordernisse hinweist, die zum Schaffen des Werkes nötig waren, sondern das formale Können möglichst vergessen läßt, so sieht die gereifte Technik es als ihr schönstes Vorrecht an, nach Möglichkeit dem Menschen, der sie nicht sucht, gar nicht zu Bewußtsein zu kommen und zugleich wie ein unsichtbarer Geist ihm dienend jederzeit zur Seite zu sein. *Hans Zbinden*

Der Fortschritt feiert Pyrrhussiege über die Natur. *Karl Kraus*

Fortschritt ist die Mutter von Problemen. *Gilbert K. Chesterton*

Albert Einstein

III. BEDEUTUNG UND GEFAHREN DER TECHNIK

Der Fortschritt der Wissenschaft und der von ihr ausgehenden Technik hat die Welt, in der wir leben, verändert... Selbst die Konzeptionen von Zeit und Raum haben sich verändert, und es eröffnen sich uns gewaltige Möglichkeiten, die Geheimnisse der Natur zu erforschen und unsere Kenntnisse zum Wohle der Menschheit anzuwenden. Wissenschaft und Technik haben die Menschen zum großen Teil von der auf ihnen liegenden Bürde befreit und haben uns eine große Kraft in die Hand gegeben. Diese Kraft kann zum Wohle aller verwendet werden, wenn wir uns bei unseren Handlungen von Weisheit leiten lassen; wenn die Welt den

Verstand verliert oder eine Dummheit begeht, kann sie sich eben in dem Augenblick vernichten, wo sie an der Schwelle großer Entdekkungen und Triumphe steht...

Jawaharlal Nehru

Die technische Welt stellt den Menschen vor Entscheidungen, in denen ihm die überlieferten ethischen und politischen Begriffe keine hinreichende Hilfe bieten ... Heute nötigen uns die Wirkungen unserer eigenen Erfindungen, mit einem Nachdruck an das Reifwerden der Seele zu denken, den früher niemand in der Naturwissenschaft für nötig gehalten haben würde.

Carl Friedrich von Weizsäcker

Die Technik ist im Begriff, mit dem gesamten Arbeitsdasein des Menschen den Menschen selbst zu verwandeln. Der von ihm hervorgebrachten Technik kann sich der Mensch nicht mehr entziehen. Und gewiß ist, daß die Technik nicht mehr unabsehbare Chancen, sondern unabsehbare Gefahren bringt. Technik ist eine eigene fortreißende Gewalt geworden. *Karl Jaspers*

Forschung und Technik sind der Humanität vorausgeeilt. Darum hat der verantwortungsbewußte Teil der Menschheit es sich zur Aufgabe gemacht, die Initiative des Gewissens zu erwecken und zu stärken. *Hans Pichler*

Die Entwicklung der Technik ist bei der Wehrlosigkeit vor der Technik angelangt. *Karl Kraus*

Von der Entwicklung der Technik wird es abhängen, ob die Welt in eine technische Hölle wandert oder in einen technischen Himmel.
Richard Coudenhove-Kalergi

Die Atombombe ist die furchtbarste, aber auch eindrucksvollste Synthese von Wissenschaft und Technik. Zu ihren Vätern gehören völlig auf Zweckmäßigkeit, Wirkungsgrad und Erfolg eingestellte moderne Ingenieure ebenso wie ganz in ihrer Wissenschaft aufgehende Gelehrte.
Friedrich Münzinger

Die Technik ist auf dem Wege, eine solche Perfektion zu erreichen, daß der Mensch bald ohne sich selbst auskommt.

Stanislaw Jerzy Lec

Bisher ist es fraglich, ob alle technischen Erfindungen die Tagesmühen auch nur eines Menschen erleichtert haben.

John Stuart Mill

Es ist schön, so zu gestalten und zu erfinden, wie ein Künstler gestaltet und erfindet. Aber ob die Sache einen Zweck gehabt hat, ob die Menschen dadurch glücklicher geworden sind, das vermag ich heute nicht mehr zu entscheiden.

Rudolf Diesel

Sollte die Technik am Ende nicht imstande sein, neue Embleme herzustellen? Bleibt sie angewiesen, sie von den alten Idealen zu beziehen und auf die neuen Sachen aufzumontieren?

Karl Kraus

Wer von seinem Verstand zum Schaden anderer Gebrauch macht oder diese auch nur dadurch einschränkt, ist insofern unmoralisch.

Johann Wolfgang von Goethe

Das eben ist das Unglück der Maschine, daß sie den Menschen zu ihresgleichen macht. Das Niedrige zieht das Höhere immer zu sich herab. *Cosmus Flam*

Es ist groß, des Riesen Kraft zu besitzen, doch tyrannisch, dem Riesen gleich sie zu benützen.

William Shakespeare

Der Mißbrauch großer Kräfte ist kein Beweis gegen die Möglichkeiten ihres richtigen Gebrauchs.

Shri Aurobindo Ghose

Wozu brauchen wir Roboter, wo doch die meisten Menschen ihre Funktion sowieso mechanisch ausüben. *Boguslaw Wojnar*

Ich könnte nicht an Projekten arbeiten, die nur deshalb für einige nützlich sind, weil sie anderen schaden.

René Descartes

Die Technik wird die ganze Menschheit verschlingen, wenn man ihr nicht einen ästhetischen Maulkorb umlegt.

Wladimir Majakowski

Die Seele ist von der Technik enteignet. Das hat uns schwach und kriegerisch gemacht. Wie führen wir Krieg? Indem wir die alten Gefühle an die Technik wenden. Wie treiben wir Psychologie? Indem wir die neuen Maße an die Seele legen.

Karl Kraus

Hütet euch vor den Technikern! Mit der Nähmaschine fangen sie an, und mit der Atombombe hören sie auf. *Marcel Pagnol*

Das sind die wahren Wunder der Technik, daß sie das, wofür sie entschädigt, auch ehrlich kaputt macht. *Karl Kraus*

Eine Welt, die der Technik alles opfert, ist für die Freiheit verloren.
Georges Bernanos

Die Technik schafft der Menschheit die Arbeitsbedingungen, sie revolutioniert die sozialen Verhältnisse, sie greift ein in das Staatsrecht und beeinflußt die bürgerliche Gesetzgebung.
Ulrich Wendt

Wissenschaft ist ... keineswegs wie die Technik eine Lebensnotwendigkeit. *Eugen Diesel*

Die Technik verschlingt den Menschen – wohlan, es geschehe, denn dies ist der einzige Weg der Menschen zu sich selbst.

Jakob Hommes

Die technische Entwicklung wird nur noch ein Problem übriglassen: die Hinfälligkeit der Menschennatur. *Karl Kraus*

Naturwissenschaft, Technik, das tätige Leben liefert nur äußerliche, zweitrangige Lösungen, wenn es anders wäre, hätte der enorme technische Fortschritt längst unsere Ängste, unsere Aggressivität, unsere Wut verringert, statt sie immer weiter zu vermehren.

Eugéne Ionesco

Bei Ausbreitung der Technik hat man keine Sorge, sie hebt nach und nach die Menschheit über sich selbst und bereitet der höchsten Vernunft, dem reinsten Willen höchst zusagende Organe.

Johann Wolfgang von Goethe

Erst wenn wir in unseren Herzen und in unserem Geist klar sind – erst dann werden wir den Mut finden, die Furcht, von der die Welt heimgesucht wird, zu überwinden.

Albert Einstein

Dem Bündnis von Wissenschaft, Proletariat und Technik wird keine noch so finstere Gewalt widerstehen können.

Wladimir Iljitsch Lenin

Wissenschaft und Technik sind nicht als Speicher fertiger Entdekkungen und Erfindungen darzustellen, sondern als ein Kampfplatz, auf dem der lebendige Mensch den Widerstand des Materials und der Traditionen überwindet. *Maxim Gorki*

Seitdem sich die Menschheit einen Propeller vorbindet, geht es zurück. Die Luftschraube bewirkt, daß es auch abwärts geht.
Karl Kraus

Nicht was gemacht wird, sondern wie, mit welchen Arbeitsmitteln gemacht wird, unterscheidet die ökonomischen Epochen.
Karl Marx

Hier erhebt sich die Frage, ob wir das, was man aus der Erde gräbt, zu den guten oder zu den schlechten Dingen rechnen soll... Treffliche Männer nämlich brauchen sie gut, und ihnen sind sie nützlich, schlechte aber schlecht, und ihnen sind sie unnütz... Deshalb ist es nicht recht und billig, sie ihrer Stellung und Würde, die sie unter den Gütern einnehmen, zu berauben. Wenn einer aber sie schlecht anwendet, so werden sie darum noch nicht zu Recht übel genannt. Denn welche guten Dinge können wir nicht gleichermaßen in übler wie in guter Weise gebrauchen?

Georgius Agricola

Mögen die Techniker erkennen, daß es, um Techniker zu sein, nicht genügt, Techniker zu sein. Während sie sich mit ihrer besonderen Aufgabe beschäftigen, zieht die Geschichte den Boden unter den Füßen fort.

José Ortega y Gasset

Mag sich sträuben wer will, die Wissenschaft, aber mehr noch der technische Fortschritt, ist die ewige Revolution und die echte und einzige Reformation aller menschlichen Zustände.

Gerhart Hauptmann

Keine Angst vor der Kybernetik, am Ende schaltet sie sich selbst aus.

Stanislaw Jerzy Lec

Wir stellen den menschlichen
Wert des Erreichten über den in
menschlicher Unvollkommenheit
begründeten Mißbrauch der
Erkenntnisse.
Wer die Entwicklung von Quanten-
mechanik und Atomenergie
ablehnt, muß folgerichtig auch
Penizillin, Volkshygiene und
Automobil ablehnen;
denn alles ist entstanden
aus dem gleichen Geiste,
der nur wahrheitsgebundenen
Freiheit des Denkens.

Walther Gerlach

Die Technik hat den Sinn der
Arbeit vertieft; aus dem Arbeiten
ist ein Schaffen geworden.

Hermann Föttinger

Die Technik entwickelt sich so schnell, daß wir es uns nicht leisten können, in unserem Denken hinter ihr und ihren Entwicklungsmöglichkeiten herzuhinken – wenn wir eine lange Periode des Chaos vermeiden wollen.

Norbert Wiener

Fehler der Dilettanten, Phantasie und Technik unmittelbar verbinden zu wollen.

Johann Wolfgang von Goethe

Durch die Technik wird die menschliche Arbeitskraft fortschreitend vergeistigt.

Ulrich Wendt

Wilhelm Ostwald

IV. WISSENSCHAFT UND TECHNIK

Wir unterschätzen ständig die Möglichkeiten von Wissenschaft und Technik in der Zukunft. Bestens informierte Planungsfachleute und Wissenschaftler erweisen sich beim Versuch, die Bedeutung einer Forschungsrichtung verantwortlich abzuschätzen, in ihren Prognosen oft als kurzsichtig, wenn sie bei ihrem Versuch auf Dinge stoßen, die vorläufig noch unverständlich oder unbekannt sind. Das Element des Unerwarteten, ständiger Bestandteil des technischen Fortschritts, ist gerade das, was sich unerhört schwierig mit jedem beliebigen Planungsprinzip vereinbaren läßt.

Charles Townes

Trotz aller Berührungspunkte ist das technische Vermögen doch ein anderes als das wissenschaftliche. Es ist eine andere Aufgabe, die Gesetze der Natur aufzufinden, und eine andere, sie praktisch anzuwenden. ... Die Geistesarbeit der Technik vollzieht sich mehr in synthetischer, die der Naturwissenschaft mehr in analytischer Richtung. Was der Naturforscher zergliedert hat, setzt der Techniker zu neuem Wirken wieder zusammen. So bildet die Technik die Ergänzung der Naturwissenschaft.

Ulrich Wendt

Stets muß die Praxis auf guter Theorie beruhen.

Leonardo da Vinci

Die Wissenschaft ist ein mit Vernunft errichtetes Gebäude; das größte Vergnügen bei ihrem Studium ist das Verstehen. Ohne Verstehen hat Wissen wenig Bedeutung. Die Existenz der Wissenschaft und ihr Fortschritt beruhen auf der Überzeugung, daß das Weltall nicht launenhaft und geheimnisvoll ist.

Leopold Infeld

In der Geschichte der Technik kommen diese Fälle, wo trotz anfänglich unrichtiger Auffassung der wissenschaftlichen Grundlage doch große, praktische, wirtschaftlich verwertbare Leistungen geschaffen werden, nicht allzu selten vor. *Conrad Matschoß*

Wenn eine Nation sicher sein will, daß ihr nicht die sensationellsten Entdeckungen verlorengehen, muß sie solche Wissenschaftsrichtungen unterstützen, die sich an der Frontlinie der Erkenntnis befinden, selbst dann, wenn sie nutzlos erscheinen.

Charles Townes

Zunächst lehrt uns die Geschichte, daß alle Wissenschaft mit der Technik, mit der Anwendung begonnen hat.

Wilhelm Ostwald

Heute gehen Wissenschaft und Technik im allgemeinen Hand in Hand, eine wird durch die andere gestärkt.

Ulrich Wendt

Wenn es sich also darum handelt, die Entwicklung irgend einer Technik zu fördern, so gibt es dazu wirklich kein sichereres Mittel als die Förderung der reinen Wissenschaft; sie allein schafft, ..., die nötige geistige Kapitalgrundlage für eine gesunde Entfaltung.

Wilhelm Ostwald

Den Wissenschaften danken wir jene Vervollkommnung der Technik in allen Zweigen, die das Maschinenwesen zu einer früher nie geahnten Höhe gebracht hat, und namentlich durch Dampfmaschine und Elektrizität Dinge leistet, die frühere Zeiten der Hilfe des Teufels zugeschrieben haben würden. *Arthur Schopenhauer*

Bei naturwissenschaftlichen Fragen hat es gar keinen Wert, schön reden und gut disputieren zu können. Wo man Tatsachen reden lassen kann, braucht man keine gekünstelten Hypothesen.

Otto von Guericke

Diejenigen, die sich für Praxis ohne Wissen begeistern, sind wie Seeleute, die ohne Steuer und Kompaß ein Schiff besteigen und nie ganz sicher sind, wohin sie fahren. *Leonardo da Vinci*

Theorie und Praxis sind eins wie Seele und Leib, und wie Seele und Leib liegen sie großenteils miteinander im Streit.

Marie von Ebner-Eschenbach

Als ich an die Anfertigung von Holzmodellen ging, da war das motorgetriebene Fahrzeug fix und fertig – auf dem Papier, in der Konstruktionsmappe. Da gab es kein Zahnrad und Zahnrädchen, keine Schraube, Kette und Riemenscheibe, kurz kein Teilchen bis herab zum letzten Griff und Knopf, das nicht in der Zeichnung vorgesehen war. Aber so siegesgewiß entworfen, so wohl überlegt und exakt berechnet auch alles war – nicht immer konnte das Theoretische in Ehren bestehen vor dem Forum des Praktischen. Manches Teilchen gebärdete sich in der Praxis ganz anders, als der Konstrukteur es vom Standpunkt der Berechnung aus erwartet hatte. Mancher Einzelteil tat fremd, wollte sich nicht akklimatisieren und sich nicht willig einfügen in den Zusammenhang der Dinge und in den Gesamtorganismus. Eine Schwierigkeit um die andere bäumte sich auf. Aber keine vermochte den Erfinderwillen zu lähmen. *Carl Benz*

Ein Experiment, dem nicht eine Theorie, d. h. eine Idee vorausgeht, verhält sich zur Naturforschung wie das Rasseln einer Kinderklapper zur Musik.
Justus von Liebig

Wenn die Theorie auf die Erfahrung warten sollte, so käme sie nie zustande. *Novalis*

Vorstellungskraft und Intuition helfen dem Denken bei seinen bedeutenden Eroberungen.

Louis de Broglie

So zielbewußt und sicher der Theoretiker sich einbildete, den Stift geführt zu haben, das letzte maßgebende Wort sprach doch immer wieder der Empiriker. Theoretischer Entwurf und praktische Ausführung ließen sich eben nicht immer in Gleichung setzen. Die Erfahrung schob da und dort Störungsfaktoren dazwischen, und es galt, diese Störungsfaktoren, diesen Erfahrungskoeffizienten Schritt für Schritt zu vermindern und zum Verschwinden zu bringen.

Carl Benz

Die Erfindungen geschehen meistens durch bloßes Tappen und Probieren; die Theorie einer jeden wird hinterher erdacht.

Arthur Schopenhauer

Die Theorie träumt, die Praxis belehrt. *Karl von Holtei*

Praxis ohne Theorie
leistet immer noch mehr
als Theorie ohne Praxis.

Quintilian

Reine Wissenschaft bleibt nicht ewig rein. Früher oder später wird sie sich in angewandte Wissenschaft und schließlich in Technologie verwandeln.

Aldous Huxley

Jede wissenschaftliche Theorie, auch wenn sie ihrer Natur nach spekulativ ist, hat nur dann einen Sinn, wenn sie experimentell nachgeprüft werden kann. Sie stirbt, wenn sie bei solcher Nachprüfung versagt. *Leopold Infeld*

Nur dadurch, daß der praktische Arbeiter und der technische Forscher sich in innigster Verflechtung in mir die Hände reichten, war es mir möglich, dem werdenden Motorwagen alle Tücken, Launen und Bosheiten auszutreiben. Dabei verneigte sich unbewußt der Praktiker vor dem Theoretiker, wo oft das Umgekehrte am Platz gewesen wäre.

Carl Benz

Nur durch eine erhöhte Praxis sollten die Wissenschaften auf die äußere Welt wirken: denn eigentlich sind sie alle esoterisch und können nur durch Verbessern irgend eines Tun exoterisch werden. Alle übrige Teilnahme führt zu nichts.

Johann Wolfgang von Goethe

Man muß sich einmal daran gewöhnen, seine Unwissenheit über eine Menge wichtiger Sachen zu bekennen.

Leonhard Euler

Man muß eine Sache gefunden haben, wenn man wissen will, wo sie liegt.

Johann Wolfgang von Goethe

In meiner eigenen Praxis würde beinahe jeder einzelne Fall eine unabhängige Theorie für sich selbst erfordert haben. In meinem Verkehr mit der Menschheit habe ich immer feststellen können, daß diejenigen, die versuchten, die Theorie in praktische Gegenstände überzuführen, im Grunde Leute ohne Urteil und bloße Quacksalber waren.

John Smeaton

Auf dem Wege vom gelungenen Experiment bis zum brauchbaren, praktisch bewährten Mechanismus brechen sich zwischen 99 und 100 (von 100) Erfindungen den Hals.

Werner von Siemens

Alles sollte so einfach wie möglich gemacht werden, aber nicht einfacher. *Albert Einstein*

Ich bin mein Leben lang davon überzeugt gewesen, daß jede Theorie ihre Begründung und ihre Rechtfertigung nur in dem Maße findet, wie sie angewendet werden kann, sonst bleibt sie im besten Falle geistvolles Akademikertum und ohne sachliche Höhe.

Max Planck

Ein einfacher Versuch lehrt mehr als jeder Syllogismus.

Roger Bacon

Werner von Siemens

V. ENTWICKLUNG ZUR MASCHINELLEN TECHNIK

Das Werkzeug, das Handwerk hält die echte Lebendigkeit durch steten Anreiz der schöpferischen Triebe wach. Wie es durch erlebte Not aus der Hand des Menschen hervorging, so weckt es durch anschauliche Zweckform die Lust zu unmittelbarer «Wirk»samkeit.

Eugen Diesel

Lange bevor eine Theorie … erdacht werden kann, finden wir Werkzeuge, Maschinen, mechanische Erfahrungen und Kenntnisse.

Ernst Mach

Der Entdeckung jeder neuen Kraftquelle schließt sich die Erfindung der Mittel, sie zu verwerten, an. *Franz Reuleaux*

Ohne Werkzeuge und die Fähigkeit, sie benutzen zu können, ist der Mensch in der Tat nur ein armes, nacktes, gequältes tierisches Wesen – schlechter gekleidet als die Vögel, mit schlechterer Behausung als der Biber, schlechter genährt als der Schakal ... Nirgends findet man den Menschen ohne Werkzeuge, ohne Werkzeug ist er nichts, mit Werkzeug ist er alles.

Thomas Carlyle

Was den Menschen in seinem Wesen, soweit es äußerlich in die Erscheinung tritt, vom Tier unterscheidet, sind zwei Dinge: das Wort und das Werkzeug.

Max Eyth

Ein Werkzeug kann aber vollgültig als ein Mittel definiert werden, durch welches vorhandener roher Energie eine beabsichtigte Beschaffenheit gegeben wird. Ein Werkzeug ist mit anderen Worten ein Energietransformator, und es ist um so vollkommener, je vollkommener es diese Transformation auszuführen gestattet.

Wilhelm Ostwald

Jeder, der in der Kunst der Werkzeugherstellung ein Meister ist, besitzt auch den Schlüssel zur Konstruktion jeder Maschine. Das Ersinnen und Herstellen von Werkzeugen muß daher immer an der Spitze aller industriellen Kunst stehen.

Charles Babbage

Eine Maschine ist eine Verbindung widerstandsfähiger Körper, welche so eingerichtet ist, daß mittels ihrer mechanische Naturkräfte genötigt werden können, unter bestimmten Bewegungen zu wirken. *Franz Reuleaux*

Ich kann mit einem Werk(zeug) auf keine andre Weise wirksam seyn – als auf die, die ihm seine natürlichen Verhältnisse bestimmen. So kann ich mit einem Meißel nur stoßen, schaben, schneiden oder sprengen, insofern er scharfes Eisen ist, ihn electrisch, als Metall zum galv(anischen) Exitator gebrauchen. In Beyden leztern Fällen wirckt er nicht mehr als Meißel. *Novalis*

Sobald der Mensch, statt mit dem Werkzeug auf den Arbeitsgegenstand, nur noch als Triebkraft auf eine Werkzeugmaschine wirkt, wird die Verkleidung der Triebkraft in menschliche Muskel zufällig und kann Wind, Wasser, Dampf usw. an die Stelle treten.

Karl Marx

Die ganze Menschheitsgeschichte, genau geprüft, löst sich zuletzt in die Geschichte der Erfindung besserer Werkzeuge auf. *Edmund Reitlinger*

Die Maschine ist Kraft, Bewegung, Leben. Sie ist eins und alles – und die ganze Welt.

Franz Carl Weiskopf

Der dumme Hammer glaubt, Nägel seien nur dazu da, ihm den Kopf hinzuhalten.

Henryk Sienkiewicz

Die Arbeit organisiert und teilt sich verschieden, je nach den Werkzeugen, über die sie verfügt. Die Handmühle setzt eine andere Arbeitsteilung voraus als die Dampfmühle. ... Die Maschinen sind ebensowenig eine ökonomische Kategorie wie der Ochse, der den Pflug zieht, sie sind nur eine Produktivkraft. Die moderne Fabrik, die auf der Anwendung von Maschinen beruht, ist ein gesellschaftliches Produktionsverhältnis, eine ökonomische Kategorie.

Karl Marx

Was das Bewegte bewegt, muß notwendigerweise berühren.

Hieronymus Cardanus

Die ersten Maschinen waren also Kopien des Weltsystems: Orrerys oder Planetarien. Die Maschinenlehre mußte zurückkommen auf den menschlichen Organismus, und den Organismus selbst als Orrery oder Planetarium darstellen. So greifen das kleine, und das große in der Natur, wie Räder ineinander ein, und die Idee der Nativitätsstellerei entsteht.

Johann Wilhelm Ritter

Mit dem «Werk»zeug und seiner «Wirk»ung leuchtet die Idee des Menschen auf. *Eugen Diesel*

Eine Maschine ist eine zusammenhängende Verbindung von Holz (materia), welche zum Heben von Lasten die größten Vorteile gewährt. Sie wird auf künstliche Weise in Bewegung gesetzt, nämlich durch Kreisumdrehungen.

Aristoteles

Der Mensch ist ein werkzeugmachendes Wesen ...

Benjamin Franklin

Wer Wunder fordert, vergißt, daß er der Natur die Unterbrechung der ihren zumutet.

Antoine de Rivarol

Alles, was der Natur entspricht, ist wertvoll. *Cicero*

Ein gewundener Bohrer macht ein gerades Loch. Sprichwort

Auf Wissen und Können, auf Wort und Werkzeug beruht die Macht, die den nackten, wehrlosen Menschen zum Herrscher über alles Lebende auf Erden gemacht hat, die den Zwerg zum Sieger im Riesenkampf mit den Gewalten der Natur bestimmte.

Max Eyth

Die Natur bricht ihr eigenes Gesetz nicht.

Leonardo da Vinci

Was sich bewegt, gewinnt ebensoviel Raum, wie es verliert.

Leonardo da Vinci

Die römische Zivilisation war auf der Arbeit billiger und erniedrigter Menschenwesen aufgebaut, die moderne wird auf billiger mechanischer Arbeit beruhen.

Herbert George Wells

So waren die Weber und die Spinner meistenteils Bauern, wie man sie noch in rückständigen Ländern antrifft. Die Erfindung der Maschinen hat die Trennung der Manufakturindustrie von der Agrikulturindustrie vollendet.

Karl Marx

Der Amboss und der Hammer machen das Eisen nicht weich, sondern das Feuer.

Sprichwort

Kraft ist eine Eigenschaft des Stoffes. *Jakob Moleschott*

Wo Kraft ist, ist Wirkung von Kraft. *Albert Schweitzer*

Kraft ist die Materie der Stoffe. *Novalis*

Kraft braucht Gelegenheit, um Erfahrung zu werden, Schicht für Schicht, bis Erfahrung die Kraft überwächst. *Jurij Brežan*

Der Lärm erweckt bei Unwissenden die Idee von Kraft. *James Watt*

Kraft gibt Macht. Sprichwort

Eine Maschine kann die Arbeit von fünfzig gewöhnlichen Menschen leisten, aber sie kann nicht einen außergewöhnlichen ersetzen.

Elbert Hubbard

Ohne Reibung kein Feuer, ohne Feuer keine Kraft, ohne Kraft kein Leben.

Sprichwort

Wo keine Reibung, da ist kein Funken.

Sprichwort

Alle Hebel ansetzen.

Sprichwort

Die Produktivität der Maschine mißt sich daher an dem Grad, worin sie menschliche Arbeitskraft ersetzt.

Karl Marx

Wo nichts zu wälzen, nützt kein Hebel. *Henrik Ibsen*

Gib mir einen Standpunkt außerhalb der Erde, und ich will sie bewegen. *Archimedes*

Proportion ist in jeder Kraft, welche immer es sei.

Leonardo da Vinci

Die Kraft ist ein Kind stofflicher Bewegung und ein Enkel der geistigen Bewegung.

Leonardo da Vinci

Das Maschinenwesen unserer Zeit gleicht einem Luftballon, der mit dem Aeronauten davongeflogen ist. *Ralph Waldo Emerson*

Ich will nicht sagen, es sei unmöglich, der Maschine intuitive Fähigkeiten zu geben, doch wäre es einfach unwirtschaftlich, sie auf etwas anzusetzen, was der Mensch viel besser kann.

Norbert Wiener

Mit der Zeit berauben uns die Maschinen zweier Dinge, die sicherlich zum wesentlichen Bestand des Menschenglücks gehören: der Spontaneität und der Abwechslung.

Bertrand Russell

Es war... die Schöpfung der Werkzeugmaschinen, welche die revolutionierte Dampfmaschine notwendig machte.

Karl Marx

Werkzeug ist die Seele der Technik und das Urelement der Technologie. *Eugen Diesel*

Wenn eine kostspielige Maschine aufgestellt wird, so erwartet man, daß die von ihr zu leistende außergewöhnliche Arbeit das in ihr investierte Kapital bis zur Zeit, wo sie abgenutzt ist, einschließlich eines wenigstens durchschnittlichen Gewinns, wieder einbringt.

Adam Smith

Die Maschinenkultur breitet sich aus mit ihrem Gleichschritt, ihrer Dressur, ihrer auf die modernen Verhältnisse zugeschnittenen Sklaverei.

Martin Andersen Nexö

Alles in allem hat die Einführung der Maschinen die Teilung der Arbeit innerhalb der Gesellschaft gesteigert, das Werk des Arbeiters innerhalb der Werkstatt vereinfacht, das Kapital konzentriert und den Menschen zerstückelt.

Karl Marx

Das überhandnehmende Maschinenwesen quält und ängstigt mich; es wälzt sich heran wie ein Gewitter, langsam, langsam; aber es hat seine Richtung genommen und wird treffen.

Johann Wolfgang von Goethe

Auch dem Stahl verleiht nur Tatkraft seine Stärke.

Flavius Josephus

Das Studium dieser Maschinen ist vom höchsten Interesse, denn ihre Wichtigkeit ist ungeheuer, und ihre Anwendung steigert sich von Tag zu Tag. Sie scheinen bestimmt zu sein, eine große Umwälzung in der Kulturwelt zu bewirken. Schon beutet die Wärmemaschine unsere Minen aus, bewegt unsere Schiffe, vertieft unsere Häfen und Flüsse, schmiedet das Eisen, gestaltet das Holz, mahlt das Getreide, spinnt und webt unsere Stoffe, schleppt die schwersten Lasten usw. Sie scheint eines Tages der allgemeine Motor werden zu sollen, welcher den Vorzug über die Kräfte der Tiere, den Fall des Wassers und die Ströme der Luft erhält. *Sadi Carnot*

Daß uns die Maschine bequem machen würde, war vorauszusehen. Neu ist lediglich, daß sie uns zugleich anspruchsvoller macht.

Siegmund Graff

Die Luft- und Gasmaschinen sind ... fast überall zu verwenden und befinden sich außerdem auf dem Wege stetiger Vervollkommnung. Diese kleinen Motoren sind die wahren Kraftmaschinen des Volkes ...

Franz Reuleaux

... die Herren Boulton und Watt zeigten, wie ihre Maschinen fast zu jedem Zweck menschlicher Kunst mit Sicherheit und Leichtigkeit konnten angewendet werden.

Johann Conrad Fischer

Alle mechanischen Einrichtungen, die überhaupt versagen können, versagen früher oder später mit Bestimmtheit. *Gordon J. Murphy*

Diejenigen Maschinen sind die besten und vor allen zu erwählen, die aus den wenigsten Stücken bestehen, oder welche die ganz simpelsten sind, die wenigste Friction haben, und nicht allzu hart belästigt sind, da auch die Kraft bequem kann applicieret werden, ohne daß etwas vergeblich weggehet. *Jakob Leupold*

Maschinen und chemische Bereitungsarten zu erfinden ist für den scientifischen Kopf das fruchtbarste Feld. *Novalis*

Die Natur baut Maschinen ...
Sie sind Produkte
der menschlichen Industrie:
natürlich Material, verwandelt in
Organe des menschlichen Willens
über die Natur oder
seiner Betätigung in der Natur.
Sie sind von der menschlichen
Hand geschaffene Organe
des menschlichen Hirns
vergegenständlichte Wissenskraft.

Karl Marx

Es können Flugmaschinen gefertigt werden, so daß ein Mensch, in der Mitte des Apparates sitzend, diesen durch einen künstlichen Mechanismus leitet und die Lüfte wie ein Vogel im Fluge durchmißt.

Roger Bacon

Die Kurbelbewegung auf die
Dampfmaschine zu übertragen
hat nicht mehr Erfindergeist gebraucht, als zu dem Gedanken
gehört, ein Brotmesser zum
Käseschneiden zu verwenden.
Der wahre Erfinder dieses
Mechanismus war der Mann,
der zuerst eine Drehbank
zum Treten machte.
Leider ist er nicht heilig
gesprochen worden.

James Watt

Alle Wirkung ist Übergang.
Bei der Chemie geht beides
ineinander verändernd über.
Nicht so bei dem, was man
mechanischen Einfluß nennt.

Novalis

... in ... Gebäuden sind die arbeitenden Dampfmaschinen von sechs bis zu fünfzig Pferdestärken, die still und gleichförmig nach den Gesetzen, die der Genius in sie hineingebannt hat, die auferlegte Arbeit vollziehen: Geld schlagen, Blech walzen, plattirte Geräthe stanzen, Hämmer bewegen, ungeheure Kolbenstangen und Wendelbäume abdrehen und Zylinder ausbohren, deren ein einziger oft mehrere Monate zu seiner Vollendung erfordert, somit ihresgleichen wieder hervorbringen, nebst andern mehr.

Johann Conrad Fischer

Kraft, die nicht wirkt, erschlafft.

Sprichwort

Alles Eisen läßt sich hämmern, aber nicht aus jedem wird Stahl.
Sprichwort

Man muß das Eisen lange schlagen, ehe es Draht wird.
Sprichwort

Das Kriegs- und das Bauwesen, überhaupt die Lastenbeförderung drängten auf Vergrößerung der geleisteten Kräfte; die Manufacturen, die Zeitmessungs- und andere Instrumente forderten die Bereicherung der erzielten Bewegungen. *Franz Reuleaux*

Nach der Kraft gibt es nichts so hohes als ihre Beherrschung.
Jean Paul

Unter allen Maschinen, die der Mensch im Laufe der Zeit erfand, ist keine, die seinem Geiste mehr Ehre macht, und keine, die den verschiedenen Verrichtungen der tierischen Ökonomie näherkommt, als die Dampfmaschine.

Johann Friedrich Benzenberg

Mein Motor macht immer noch große Fortschritte; ich bin jetzt so weit über Allem, was bisher geleistet wurde, daß ich sagen kann, ich bin in diesem ersten und vornehmsten Fache der Technik, dem Motorbau, der Erste auf unserem kleinen Erdbällchen, der Führer der ganzen Truppe diesseits und jenseits des Ozeans.

Rudolf Diesel

Ich gäbe alle meine Symphonien darum, die Lokomotive erfunden zu haben. *Antonin Dvořák*

Watt's Maschine hat einen größeren Einfluß auf die schöpferischen Künste der Menschheit gehabt als irgendeine andere Maschine, die man namhaft machen könnte.
James Nasmyth

Der Hebel muß sich nach der Last richten. Sprichwort

Der Mensch wird mit seinen großen Flügeln, indem er gegen die widerstrebende Luft Kraft erzeugt, siegreich die Luft unterwerfen und sich auf ihr ergehen können. *Leonardo da Vinci*

Die Maschine ist unser Gott und unser Teufel.

Anton Tammsaare

Die Dampfmaschine war die erste wirklich internationale Erfindung...

Friedrich Engels

Auf einen groben Keil gehört ein grober Schlägel. Sprichwort

Auf den intensiven Umgang mit Maschinen ist etwas zurückzuführen, was man als Manipulanten-Trugschluß bezeichnen könnte; das heißt, Individuen und Gesellschaften werden behandelt, als wären sie seelen- und leblos, und Manipulanten, als wären sie gottlose Wesen. *Bertrand Russel*

Der Daimler-Motor, verglichen mit dem Otto-Motor, ... verhält sich hierbei in der Leistung wie das Schnellfeuergewehr zum alten Steinschloßgewehr ...

Gottlieb Daimler

Druck erzeugt Gegendruck.

Sprichwort

Besser biegen, als brechen.

Sprichwort

Kleine Räder müssen sich öfter drehen als große.

Sprichwort

In der Eisenbahnsache erkenne ich eine Wohlthat für die Menschheit ... *Carl Anton Henschel*

Der Amboss erschrickt vor dem Hammer nicht. Sprichwort

Der Keil geht, wohin ihn der Schlägel treibt. Sprichwort

Es wäre wohl eine der wichtigsten Entdeckungen, wenn man eine Maschine bauen könnte, die imstande wäre, alle Klänge unserer Worte mit allen Artikulationen nachzuahmen ... Die Sache scheint mir nicht unmöglich.
Leonhard Euler

Die Lokomotive hat mehr getan, die Menschen zu vereinen, als alle Philosophen, Dichter und Propheten vor ihr seit Beginn der Welt.
Thomas Buckle

... ein jeder Motor wird um so kleiner und leichter, je rascher er läuft, das heißt: je größer in dem Produkt Kolbenkraft und Kolbengeschwindigkeit, welches die Leistung des Motors darstellt, das zweite Glied ist. *Gottlieb Daimler*

Der mechanische Automat einer großen Fabrik ist um vieles tyrannischer, als es jemals die kleinen Kapitalisten gewesen sind, die Arbeiter beschäftigen.
Friedrich Engels

Viel zuviel Geräte, viel zuwenig Gehirne. *Frederick Lanchester*

Maschinen lassen nicht mit sich spaßen. *Gustav Meyrink*

Wenn die Maschinen, die die Menschen so im Lauf der Zeit erfunden haben, nun auch noch funktionierten: was wäre das für ein angenehmes Leben!

Kurt Tucholsky

Ein Keil treibet den andern aus.

Sprichwort

Werkzeuge armieren den Menschen. Man kann wohl sagen, der Mensch versteht eine Welt hervorzubringen, es mangelt ihm nur am gehörigen Apparat, an der verhältnismäßigen Armatur seiner Sinneswerkzeuge.

Aus dem Athäneum

Max Planck

VI. DER INGENIEUR

Alle sozialen Revolutionen, alle Revolutionen von Wissenschaft und Technik wurden von Besessenen gemacht und nicht von Zweiflern. *Jewgeni Jewtuschenko*

Technica ingenia, heißen diejenigen, die mit allerley Kunstsachen zu tun haben, wie denn Technica auf Deutsch die Kunstlehre in der Philosophia wird.

Aus dem 18. Jahrhundert

Die Natur der Welt herauszufinden, ist nicht ganz dasselbe, wie eine Münze auf der Straße zu finden. Gewöhnlich leistet der Gelehrte etwas sehr viel Größeres, als einfach nur auf etwas zu stoßen. *Kingsley Dunham*

In jedem Beruf ist der erste Schritt zum Erfolg, sich dafür zu interessieren. *William Osler*

Noch nie haben Generäle Schlachten allein schlagen können. Jeder Führer braucht Soldaten. Gerade die Größten der Ingenieure haben gewußt und es gern anerkannt, wieviel sie in ihren Erfolgen ihren Mitarbeitern zu danken haben. Tausende von unbekannten Ingenieuren und Arbeitern schaffen unermüdlich am Werk der Großen. Dieser Unbekannten, deren Namen nicht im Buch der Geschichte verzeichnet werden, soll man stets gedenken, wenn man die Taten der Großen preist. *Conrad Matschoß*

Wie viele Fehler werden noch immer mit der technischen Berufswahl gemacht. Wer gern bastelt, gern einer Drehmaschine oder einer Lokomotive zusieht, wird als technisch befähigt angesehen. Wenn aber ein Junge streng folgerichtig denkt und scharf rechnet, dann sieht man in ihm den kommenden Juristen oder einen Kaufmann. Dabei ist die Veranlagung zu logischem und mathematischem Denken eine der wichtigsten Voraussetzungen für den werdenden Techniker.

Franz M. Feldhaus

Die Wirkungsstätte der Ingenieure ist die Welt mit ihren drängenden Aufgaben. *Aurel Stodola*

Ingenieure mit gründlichen Spezialkenntnissen, aber ohne Überblick über einen größeren Ausschnitt der gesamten Technik und ohne eine gewisse Allgemeinbildung, gleichen, weil sie nur das unmittelbar vor ihnen Liegende zu erkennen vermögen, den von ihnen gebauten Hobel-, Fräs- und Bohrmaschinen, die zwar ausgezeichnet hobeln, fräsen oder bohren können, aber versagen, sobald sie eine andere Arbeit verrichten sollen. Sie werden immer wieder Lösungen hervorbringen, die technisch vielleicht musterhaft sind, ein Rahmen des Ganzen, aber nicht viel mehr als Spielereien sind.

Friedrich Münzinger

Kein Beruf ist in ähnlichem Grade gezwungen, in Übereinstimmung mit den Gesetzen der Natur, mit der Wirklichkeit zu bleiben, wie der unsere. In keinem Beruf ist die Unwahrheit, die Lüge so sicher, bestraft zu werden, wie bei uns. Ein Arzt kann Tausende zu Tode kurieren und in Ehren begraben werden, ein Gelehrter mag die größten Irrtümer durch ein Menschenalter siegreich verhehlen, ehe sie als solche erkannt werden, ein Jurist kann sich einen glänzenden Namen erwerben in der Verteidigung des Unrechts. Einen Ingenieur, der sich gegen die Wahrheiten der Festigkeitslehre versündigt, zermalmt sein eigener Frevel, ehe er halb begangen ist.

Selbst ein technisches Wagnis, das ein moralisch Schuldloser auf falscher Grundlage aufbaut, bricht so sicher in sich zusammen, daß es keine poetische Gerechtigkeit schöner und glatter fertigbrächte. Wir sind unerbittlich an die großen ewigen Gesetze der Natur gebunden und müssen wahr sein, ob wir wollen oder nicht.

Max Eyth

In seiner beruflichen Entwicklung durchläuft der Ingenieur vier Stufen:
1. unberechtigte Sicherheit,
2. berechtigte Unsicherheit,
3. unberechtigte Unsicherheit,
4. berechtigte Sicherheit.

Unbekannt

Es ist eines der erfreulichsten Ergebnisse des Besitzes konstruktiver Begabung, daß man in seinem Geiste mechanische Konstruktionen aufbauen und in Bewegung setzen kann und schon im voraus die verschiedenen Einzelheiten ihre betreffende Aufgabe ausführen und so sehen kann, als ob sie in wirklicher materieller Form und Tätigkeit da wären. Sofern diese glückliche Begabung nicht von Anfang an im Gehirn des Ingenieurs besteht, wird er ein hartes enttäuschungsvolles Leben vor sich haben. Es ist die frühzeitige Pflege der Einbildungskraft, welche die richtige Biegsamkeit der Denkkraft erzeugt. *James E. Nasmyth*

Übrigens ist es die Arbeit mit der Hand, die den Techniker ausmacht, und das kann man nicht aus Büchern lernen.

Denis Diderot

Der Wert eines der Forschung gewidmeten Lebens wird durch die neuen Wege und Gebiete gemessen, welche uns durch dessen Werk geöffnet worden sind.

Henry Roscoe

Ein guter Wissenschaftler ist ein Mensch, der originelle Ideen hat. Ein guter Ingenieur ist ein Mensch, der mit so wenig originellen Ideen wie möglich ein funktionierendes Modell konstruieren kann.

Freeman John Dyson

Was vor alten Zeiten diese Mechanici waren, das sind heute zu Tage unsere Ingenieurs, welchen nicht nur allein zukömmt, eine Festung aufzureißen und dann zu erbauen, sondern auch nach mechanischen Fundamenten allerlei Maschinen anzugeben, so wohl auch eine Fortresse zu defendieren, als solche zu emportieren. Ingleichen mancherlei compendieuse Maschinen zu erfinden, die Arbeit zu erleichtern und was öfters unmöglich scheinet, dennoch möglich zu machen. *Jakob Leupold*

Die Stabilität eines Bauwerkes ist umgekehrt proportional zur Gelehrsamkeit seines Erbauers.
Thomas Tredgold

Lasse deinen Sohn Baumeister werden, wenn er dumm ist.

Martial

Kein Mensch kann ein reiner Spezialist sein, ohne im buchstäblichen Sinn ein Idiot zu sein.

George Bernard Shaw

Die Technik ist nicht an Landesgrenzen gebunden, und in der Technik gibt es nichts, was einer allein machen kann. Wie die Fäden her- und hinüberschießen, von Volk zu Volk, von Vorfahr zum Nachfahr. Wie vieles unserer heutigen Ingenieurarbeit läßt sich in seinen Wurzeln zurückverfolgen bis zum Anfang aller Geschichte.

Conrad Matschoß

Der Ingenieur soll nicht anmaßend, sondern gefällig sein, er sei gewissenhaft und nicht habsüchtig, er soll nicht allen begehrlich sein, um Aufträge zu erlangen, er muß taktvoll seine Würde wahren.

Vitruv

In der Art, wie er ein Wagnis anpackt und durchführt, unterscheidet sich der ernsthafte Ingenieur vom Spekulanten und Hasardeur.

Friedrich Münzinger

Beim Techniker sind die auftauchenden Gedanken beständig in Wechselwirkung mit der Vorstellung des Zwecks, beim Künstler mit dem Gefühl für das Schöne.

Ulrich Wendt

Naturforschung und Technik erziehen zur Ehrlichkeit, zur Sachlichkeit, zur Strenge sich selbst und dem Werk gegenüber und über allem zu einer ehrlichen Bescheidenheit und Demut.

Hans Zbinden

Der Techniker sammelt aus dem ganzen Reich des Wissens die fruchtbarsten Momente aus und bietet sie als konzentrierte Speise der mechanischen Arbeitskraft.

Ulrich Wendt

Ein Techniker ist ein Mann, dessen Interesse auf die Mittelwahl gelenkt ist, der über den Mitteln den Zweck vergißt.

Eduard Spranger

Es ist zum Kuckuckholen, daß überall die Leute erst durch Schaden klug werden und der ruhig denkende Techniker durch den schwungvollen Kaufmann von seiner Bahn abgelenkt wird.

Gottlieb Daimler

Ein Beruf ist das Rückgrat des Lebens. *Friedrich Nietzsche*

Der Weise des Altertums sah das Glück in der abstrakten Betrachtung der Welt, der Weise des Mittelalters in dem Vorgefühl himmlischer Freuden, der Weise der Neuzeit in der geistigen Leitung mechanischer Arbeitskraft. Wer hat am tiefsten geschaut?

Ulrich Wendt

Der von Wissenschaft und Technik zu erbringende Ertrag wird in unseren Tagen hauptsächlich von hochqualifizierten «Durchschnittsspezialisten» eingebracht.

Irina Radunskaja

Das Alter hat nichts als Erfahrung, und die zählt nicht bei einer Generation, die nur Erfindung will. Neues! Frisches! ruft die Gegenwart, und das leistet nur die Jugend, die Kraft.

Johann Nepomuk Nestroy

Es gibt Künstler der Lüge, und es gibt Ingenieure der Lüge. Jene wirken gefährlich auf die Phantasie; diese haben sie schon vorher aufgebraucht. *Karl Kraus*

... der Techniker (wurde) ... zum Künstler. Aus dem Gedanken des Zwecks heraus baute er die Dampfmaschine, die Lokomotive ... Wer sollte leugnen, daß die Verwirklichung des Zwecks hier Schönes schuf? ... Jeder Versuch, diese aus dem Zweck entwickelten Formen in ihrer grandiosen Einfachheit durch aufgelegtes Ornament zu schmücken, muß von vornherein als gänzlich aussichtslos bezeichnet werden. Die Kraft verlangt große, einfache Formen, und diese hat die Technik schon mit Meisterschaft gewählt. *Ulrich Wendt*

Ein Fachmann ist ein Mann, der aufgehört hat zu denken – er weiß.
Frank Lloyd Wright

Kenner: Spezialist, der von etwas alles versteht und von allem anderen nichts.

Ambrose Bierce

Einzelne Gelehrte bewirken noch nicht eine große Summe circulierender, einem Unternehmer leicht zur Hand seyender, in mechanischen und chemischen Arbeiten erfahrener Gehilfen.

Christian L.A. Patja

Und der Bergwerksbetrieb, gehört der nicht dem Maschineningenieur mehr als jedem anderen. Und alles, was damit zusammenhängt: Kupferwerke, Eisenwerke, Walz- und Stahlwerke.

Rudolf Diesel

Bertrand Russell

VII. GRUNDLAGEN-WISSEN DES INGENIEURS

Im großen Buch der Natur kann nur der lesen, der die Sprache kennt, in welcher dieses Buch geschrieben ist, und diese Sprache ist die Mathematik. Es ist nötig, alles zu messen, was meßbar ist, und zu versuchen, meßbar zu machen, was es noch nicht ist.

Galileo Galilei

… hätten nicht die Mathematiker sich so lange und für ungelehrte Beobachter anscheinend so unnütz mit den abstrakten Beziehungen von Linien zu Flächen abgemüht, so würden wahrscheinlich nur wenige unserer mechanischen Erfindungen das Licht der Welt erblickt haben.

Samuel Smiles

Wissenschaft ist ein guter Wanderstab. Sprichwort

Die Wissenschaften von der Natur und von der Technik heißen die exakten, weil in ihnen die Rechnung ausschlaggebend ist.
Ulrich Wendt

Wir haben drei hauptsächliche Mittel der Naturforschung: die Beobachtung, das Nachdenken und die Erfahrung. Die Beobachtung sammelt die Tatsachen, das Nachdenken verknüpft sie, die Erfahrung bestätigt das Resultat der Kombination. Die Beobachtung der Natur muß fleißig, das Nachdenken tief, die Erfahrung genau sein. *Denis Diderot*

Die ganze für die Entwicklung der modernen Technik maßgebende Art des Denkens ist vor allem von der Naturwissenschaft hinübergenommen worden.

Karl Lamprecht

Ich entnehme aus den Werken und Versuchen die Ursachen und Gesetze und aus den Ursachen und Gesetzen wieder neue Werke und Versuche.

Francis Bacon

Ich behaupte, daß in jeder besonderen Naturlehre nur so viel eigentliche Wissenschaft angetroffen werden kann, als darin Mathematik anzutreffen ist.

Immanuel Kant

Ich begreife die heutige Physik nicht. Die theoretische Physik ist für mich zu schwierig, weil sie die Anwendung verschiedener mathematischer Gebiete verlangt, die ich nicht beherrsche. Was die experimentelle Physik betrifft, verstehe ich sie auch nicht mehr.
Als ich mit Frank das Experiment vorbereitete, das uns den Nobelpreis einbrachte, hatten wir jedes Detail unserer Anlage selbst erdacht und sie selbst aufgebaut. Heute bauen Ingenieure die großen Anlagen, mitunter ganze Fabriken, während der Physiker nur auf einen Knopf drückt und ... die Ergebnisse erhält.

Gustav Hertz

Es besteht keine Gewißheit, sofern man nicht eine der mathematischen Wissenschaften anwenden kann oder etwas, was mit diesen mathematischen Wissenschaften zusammenhängt.

Leonardo da Vinci

Dann so wird dero Adel von dem ersten Ursprung und Geburt an (wie heutige Tage bei dem größeren Teil gebräuchlich) deducieren und rechnen wöllen, begegnet uns eins Teils Geometrie, andern Teils Physica, aus welcher beider einmütiger Copulation und freundlicher Umfassung endlichen an den Tag kommt die edelste aller Künsten, namens Mechanica.

Guidobaldo del Monte

Die Mechanik ist das Paradies der mathematischen Wissenschaften, weil man durch sie zur schönsten Frucht mathematischer Erkenntnis gelangt. *Leonardo da Vinci*

Die Mechanik ist an sich die abstrakteste der Wissenschaften, sie gleicht einem absoluten Geiste vor der Entlassung der Welt; wie der Geist an der irdischen Welt, so hat die Mechanik ihr Leben erst an der Technik. Durch das Ineinsleben der beiden Schwesterkünste kam die Methode hinein in den technischen Fortschritt. Durch diese Methode ist das Eintreten der Erfindung erleichtert worden, ebenso wie ihre Ausbeutung.

Ulrich Wendt

Und deshalb besteht die Einsicht des Mechanikers, der anordnen, und denen, die ein Werk ausführen, befehlen soll, zum größten Teil darin, daß er die Schwierigkeiten voraussieht, welche in den ganz verschiednen Eigenschaften der Stoffe begründet liegen, mit denen man arbeiten muß. Und man soll um so vorsichtiger sein, je weniger in Hinsicht auf solche Hinderungen sichere Regeln gegeben werden können.

Buonaiuto Lorini

Chemie ist von der ausgebreitetesten Anwendung und von dem grenzenlosesten Einfluß aufs Leben.

Johann Wolfgang von Goethe

Vielleicht ist es nicht zu viel gesagt, wenn man versichert, daß erfolgreiche Ausübung der mechanischen Künste, durch welche sich der zivilisierte Mensch über die Bedingungen des Wilden erhob, dieser wunderbaren Veränderung zu verdanken ist.

Samuel Smiles

Die ganze Maschinenlehre, die das Erfundene und Erfindbare überhaupt umfassen will, strebt einem einzigen universellen Begründungszusammenhang zu; ihre zuerst von Reuleaux erfaßte Idee ist die Idee aller denkbaren Maschinen: die theoretische Kinematik.

Eberhard Zschimmer

Keine Begierde ist natürlicher als die Begierde nach Wissen.
Michel de Montaigne

Kein anderer Teil des ganzen Studiengebietes ist so bedeutungsvoll für mich gewesen und geblieben wie die angewandte Thermodynamik. *Carl von Linde*

Die mechanische Wissenschaft wird, da sie bei wichtigen Dingen im Leben Anwendung findet, von den Philosophen geachtet und von allen Mathematikern mit besonderem Eifer betrieben, weil sie uns zuerst in die Lehre von der Natur der Materie und den Elementen der Welt einführt.
Pappus d. Alexandriner

Die Physik usw. fördert Wahrheiten zutage, gegen die sich nichts sagen läßt, die uns aber auch nichts sagen.

Richard Wagner

Die instrumentale oder mechanische Wissenschaft ist höchst edel und über alle andern äußerst nützlich ... *Leonardo da Vinci*

Die Mechanik ist die Wissenschaft, in welcher die Herstellungsweisen aller Dinge sich zusammenfinden müssen. *Hugo von St. Victor*

In der Mechanik ist es wichtig zu wissen, was man nicht braucht, um etwas zu machen.

James Watt

Das Wissen aber wird, weil es die Werke der Menschen umfaßt, passenderweise die Mechanik, d. h. die nachgemachte Kunst, genannt...

Hugo von St. Victor

Es ist ein altes Vorurteil, der Begriff der Quantität und mit ihm die Möglichkeit der Anwendung mathematischer Betrachtung sei auf die Naturwissenschaft beschränkt. *Wilhelm Wundt*

Die Mechanik selbst ist von der Natur der Dinge erfunden, und von dieser Meisterin und Lehrerin uns in der Umdrehung des Himmels gelehrt worden.

Vitruv

Übrigens kann sich der heutige Mensch keinen Begriff mehr davon machen, welche Rolle der Carnot'sche Lehrsatz zu unserer Zeit spielte. Er war eben der einzige vollkommene Prozeß, der Maßstab, an dem Alles gemessen wurde ...; er war das Glaubensbekenntnis der Thermodynamik und ihn anzuzweifeln war Gotteslästerung und des Scheiterhaufens würdige Ketzerei. ... erst die Controverse über den Dieselmotor (erschütterte) die Stellung des Carnot'schen Kreisprozesses und (brachte) Klarheit darüber.

Rudolf Diesel

Die einzigen Wahrheiten sind die mathematischen. *Rudolf Diesel*

Otto von Guericke

VIII. ARBEIT DES INGENIEURS

Gewinne erst einmal eine klare Vorstellung von dem, was du bewerkstelligen möchtest, dann wird es dir aller Wahrscheinlichkeit nach auch gelingen, es auszuführen. *Henry Maudslay*

Erst zweifeln, dann untersuchen, dann entdecken!

Henry Thomas Buckle

Der geeignete Weg ist der, daß man genau erwägt, welches die größten Schwierigkeiten sind. Diese Schwierigkeiten sind nun für sich zu untersuchen, in geeigneter Weise, also derart, daß man Apparate schafft, die losgelöst sind von allem Beiwerk.

Hugo Junkers

Weder die bloße Hand noch der sich selbst überlassene Verstand vermögen Nennenswertes; durch unterstützende Werkzeuge wird die Sache vollendet; man bedarf ihrer nicht weniger für den Verstand als für die Hand. Und so, wie die Werkzeuge die Bewegung der Hand wecken und lenken, so stützen und schützen in gleicher Weise die Werkzeuge des Geistes die Einsicht. *Francis Bacon*

Es ist doch wohl ungezweifelt gewiß, daß durch bloßes empirisches Herumtappen ohne ein leitendes Prinzip, wonach man zu suchen habe, nichts Zweckmäßiges jemals würde gefunden werden ... *Immanuel Kant*

Man muß mit der Natur langsam und läßlich verfahren, wenn man ihr etwas abgewinnen will.

Johann Peter Eckermann

Ich bin überzeugt, daß man durch kalten, technischen Verstand und ruhigen, moralischen Sinn eher zu wahren Offenbarungen gelangt, als durch Phantasie, die uns bloß ins Gespensterreich, diesen Antipoden des wahren Himmels, zu leiten scheint. *Novalis*

Ich glaube, daß nach der Lösung eines jeden Problems nach wie vor die Frage, was man mit den übrigen Problemen machen soll, ein großes Rätsel bleiben wird.

Paul Dirac

Wie oft passiert es, daß die allgemeine Aufgabe leichter ist, als es die spezielle war, wenn wir versucht hätten, sie auf kürzestem Wege zu lösen.

Richard Dedekind

Man muß leise und kalt beginnen und seinen Atem, seine Kraftfülle bis zur Entscheidung und Vollendung des Werkes aufsparen.

Michel de Montaigne

Der Weg des Paradoxes ist der Weg zur Wahrheit. Um die Wirklichkeit zu prüfen, muß man sie auf dem Seil tanzen lassen. Wenn Wahrheiten zu Akrobaten werden, kann man sie beurteilen.

Oscar Wilde

Wer etwas will, muß auch die Mittel wollen. *Horaz*

... denn eben, wenn man Probleme, die nur dynamisch erklärt werden können, beiseite schiebt, dann kommen mechanische Erklärungsarten wieder zur Tagesordnung.

Johann Wolfgang von Goethe

Wache streng über deine Werkstoffe; mache dich los von jedem Pfund Werkstoff, das du nicht unbedingt brauchst; stelle dir selbst die Frage: Welche Aufgabe hat der Werkstoff zu erfüllen? Vermeide das unnütz Komplizierte und mache alles so einfach wie nur möglich. *Henry Maudslay*

Die richtige Fragestellung ist oft mehr als der halbe Weg zur Lösung des Problems.

Werner Heisenberg

Der Zufall tut sehr wenig, irgendeinen großen Erfolg im Leben herbeizuführen. Obwohl bisweilen ein sogenannter «Treffer» durch ein kühnes Wagnis gewonnen werden kann, so ist doch die gewöhnliche Heerstraße stetigen und fleißigen Strebens der einzig sichere Weg zum Ziel.

Samuel Smiles

Was not tut, ist nicht der Wille zu glauben, sondern der Wille zu entdecken, also genau das Gegenteil. *Bertrand Russel*

Das Außerordentliche geschieht nicht auf glattem, gewöhnlichem Wege.

Johann Wolfgang von Goethe

Wer nicht gelegentlich auch einmal kausalwidrige Dinge zu denken vermag, wird seine Wissenschaft nie um eine neue Idee bereichern können. *Max Planck*

Setze den Stein nach der Richtschnur, nicht die Richtschnur nach dem Stein.

Johann Wolfgang von Goethe

Nie ist die Zeit, die man zum Erforschen der Natur verwendet, völlig verloren.

Denis Diderot

Die einfachsten Wahrheiten sind es gerade, auf die der Mensch immer erst am spätesten kommt.

Ludwig Feuerbach

Jeder Wissende irrt sich, und jedes edle Pferd stolpert.

Sprichwort

Alle neuen, großartigen Ideen üben dieselbe Wirkung aus, es sind die Sonnenaufgänge in der Geschichte – die Mittagssonne begeistert nicht, nur die Morgensonne.

Rudolf von Ihering

Wer zuviel verlangt, wer sich am Verwickelten erfreut, der ist den Verwirrungen ausgesetzt.

Johann Wolfgang von Goethe

Zum Entdecken gehört Glück, zum Erfinden Geist, und beide können beides nicht entbehren.

Johann Wolfgang von Goethe

Es ist eitel, etwas mit mehr zu erreichen, was mit weniger erreicht werden kann.

Wilhelm von Occam

Die Lust zum Beobachten kann allen Menschen eingeflößt werden; die Lust zum Experimentieren, so scheint es, sollte nur reichen Menschen eingeflößt werden. *Denis Diderot*

Der Zufall hilft nur den Geistern, die gut auf ihn vorbereitet sind.

Louis Pasteur

Erst die Ideen machen den Experimentator zum Physiker, den Chronisten zum Historiker, den Handschriftenexperten zum Philologen. *Max Planck*

Ideen sind mächtiger als Körperkraft. *Sophokles*

Man muß etwas Neues machen, um etwas Neues zu sehen.
Georg Christoph Lichtenberg

Aller Stoff schränkt die Freiheit ein, alle Handlung dehnt sie aus.
Novalis

Zur Methode wird nur der getrieben, dem die Empirie lästig wird.
Johann Wolfgang von Goethe

Wir dürfen nicht sagen: laßt uns neue Prinzipien erfinden, mit deren Hilfe wir alles erklären können; wir müssen vielmehr sagen: wir wollen die Dinge selbst genau analysieren und werden dann sehr vorsichtig zu beurteilen versuchen, ob sie mit irgendwelchen Prinzipien übereinstimmen.

Voltaire

Der Mensch steht vor der Natur wie ein Fragezeichen, seine Aufgabe ist, den krummen Strich daran gerade, oder ein Ausrufungszeichen daraus, zu machen.

Johann Wilhelm Ritter

Fuß vor Fuß bringt gut vorwärts.

Sprichwort

Die Regel verstehen ist das Erste, sie ausüben lernen ist das Zweite.

Arthur Schopenhauer

Nur das Beste oder Nichts.

Gottlieb Daimler

Das System, das ein großer Mann erfunden, können kleine nicht verteidigen; auch zum letztern gehört ein großer.

Jean Paul

Sobald sich im Kopf eines jener Systeme gebildet hat, die durch das Experiment geprüft werden müssen, darf man weder eigensinnig an ihm festhalten, noch es leichtsinnig aufgeben …

Denis Diderot

Das Einfache ist viel schwerer zu definieren als das Komplizierte.

Atanas Daltschew

Vergegenwärtige dir im Geist immer, daß die Natur nicht Gott ist, daß ein Mensch keine Maschine ist, daß eine Hypothese keine Tatsache ist.

Denis Diderot

Durch Versuch ist alles und jedes zu machen. *Theokrit*

Die große Fertigkeit im Experimentieren gibt auch den Handlangern für die gröbsten Verrichtungen ein Ahnungsvermögen, das den Charakter der Inspiration hat.

Denis Diderot

Eine Flugmaschine zu erfinden, bedeutet gar nichts; sie zu bauen nicht viel; sie zu erproben, alles!

Otto Lilienthal

Wo ich große Wirkungen sehe, ... pflege ich auch große Ursachen vorauszusetzen.

Johann Peter Eckermann

Will man eine Hypothese erschüttern, so braucht man sie zuweilen nur so weit zu treiben, wie es geht.

Denis Diderot

Jeder Anspruch, präzise Formeln auf dürftig definierte Größen anzuwenden, ist ein Betrug und eine Zeitverschwendung.

Norbert Wiener

Für uns ist die Hypothese nur ein Mittel zum Zweck; kann sie nicht länger alle Tatsachen erklären, so machen wir eine bessere und werfen die alte in die Rumpelkammer. *Carl Schorlemmer*

Den bessern Gründen müssen gute weichen.

William Shakespeare

Manche orakeln um Dinge, die sie durch Zählen, Messen oder Wiegen in Erfahrung bringen könnten.

Xenophon

Wo Messungen und Mathematik regieren, da ist der moderne Mensch geneigt, sich zu unterwerfen. *Karl Jaspers*

In der Technik entscheiden allein die Tatsachen. *Eugen Diesel*

Bemerken, Sondern, Zählen, Messen, Wägen sind große Hilfsmittel, durch welche der Mensch die Natur umfaßt und über sie Herr zu werden sucht, damit er zuletzt alles zu seinem Nutzen verwende.
Johann Wolfgang von Goethe

Ein gelungener Versuch macht kühn. Sprichwort

Einige Leute scheinen zu glauben, daß es für das wissenschaftliche Vorgehen genügt, irgend etwas zu messen und dann die Werte in einen Computer einzugeben.
Francois Jacob

Zählen und Messen sind die Grundlagen der fruchtbarsten, sichersten und genauesten wissenschaftlichen Methode, die wir überhaupt kennen.

Hermann von Helmholtz

Die Genauigkeit einer wissenschaftlichen Arbeit sollte ihre Zuverlässigkeit nicht überschreiten.

Dmitri I. Mendelejew

Ehe man eine Messung verwertet, muß man sie deuten.

Max Planck

Eine Tatsache ist in der Wissenschaft nicht bloß eine Tatsache, sondern ein Beispiel.

Bertrand Russel

Tatsachen sind die wilden Bestien im intellektuellen Gelände.

Oliver Wendell Holmes

Denn vor dem Zeugnis der Tatsachen muß leeres Gerede verstummen. Gegen einen Menschen aber, der handgreifliche und sichere Erfahrungen leugnet, lohnt es nicht zu streiten oder zu kämpfen; mag er bei seiner Meinung verharren und wie die Maulwürfe im Dunkeln wühlen.

Otto von Guericke

Nicht das Mikroskop, sondern das Auge täuscht uns. Jenes kann nichts schaffen oder zeigen, was nicht da ist. Die Erde kann unendlich größer sein. *Jean Paul*

Wer mißt, mißt Mist.

Ingenieurspruch

Wenn aber einer streitsüchtig bekämpft, was wahr und echt ist, den werde ich das nicht mit seinen Spitzfindigkeiten und Sophismen umstürzen lassen, sondern werde es mit der Berufung auf maßgebende Fachmänner, mit der Erfahrung, mit Vernunftgründen verteidigen. *Georgius Agricola*

Eine Tatsache wiegt schwerer als ein Fuder Beweise.

Sprichwort

Wenn die Theorie auf die Erfahrung warten sollte, so käme sie nie zustande. *Novalis*

Die Erfahrung muß immer des Maschinenbauers erste Autorität sein. *Ernst Alban*

Erfahrung übertrifft Wissenschaft.
Sprichwort

Das große Ergebnis gedankenreicher Praxis ist, was wir Erfahrung nennen: Es ist die Kraft oder Möglichkeit, vor dem Beginnen klar zu sehen, was zu vermeiden und was auszuwählen ist. *Samuel Smiles*

Vieles erfahren haben, heißt noch nicht Erfahrung besitzen.
Marie von Ebner-Eschenbach

Da ich keine anderen Kenntnisse besitze als solche, die ich mit

eigenen Augen gewonnen habe, so spreche ich mit Gewißheit.
Georgius Agricola

Eigene Erfahrung ist der rechte Meister. Sprichwort

Erfahrung ist nichts als Gedächtnis. *Aldoas Huxley*

Die Erfahrung ist die Probe des Rationalen, und so umgekehrt.
Novalis

Erfahrung ist eine teure Schule.
Sprichwort

Eine Erfahrung aber, die durch keine bestimmte Methode geleitet wird und nur sich selbst überlassen ist, ist nur ein blindes Herumtappen. *Ludwig Feuerbach*

Das Zeichnen ist für den Mechaniker ein Mittel, wodurch derselbe seine Gedanken und Vorstellungen mit einer Klarheit, Schärfe und Übersichtlichkeit darzustellen vermag, die nichts zu wünschen übrigläßt. Eine gezeichnete Maschine ist gleichsam eine ideale Verwirklichung derselben, aber mit einem Material, das wenig kostet und sich leichter behandeln läßt als Eisen und Stahl.

Ferdinand Redtenbacher

Technisches Zeichnen ist das Alphabet des Ingenieurs. Ohne es ist der Arbeiter ausschließlich eine

«Hand», mit ihm aber zeigt er den Besitz eines «Kopfes» an.

Max Eyth

Das Zeichnen ist des Ingenieurs rechte Hand. *Rudolf Diesel*

Ein Ingenieur, der sich nicht im Kopfe eine Konstruktion und ihre Arbeiten vorstellen kann, wird viele Enttäuschungen erleben.

James E. Nasmyth

Es werden mehr Menschen durch Übung tüchtig als durch Naturanlage. *Demokrit*

Was man erfindet, tut man mit Liebe; was man gelernt hat, mit Sicherheit.

Johann Wolfgang von Goethe

Niemals läßt sich aus Büchern lernen, was man mit eigenen Augen sieht.

Fjodor M. Dostojewski

Abstraktion schwächt – Reflexion stärkt. *Novalis*

Leicht beieinander wohnen die Gedanken, doch hart im Raume stoßen sich die Sachen.

Friedrich von Schiller

Denn unsere Lebensaufgabe gehört zu den höchsten, die sich auch die Poesie je gestellt hat: Nicht der Materie zu dienen, sondern sie zu beherrschen.

Max Eyth

Manfred von Ardenne

IX. ERFINDER UND ERFINDUNGEN

Es gibt keine Dankbarkeit vor der Technik. Es hat erfunden zu werden. *Karl Kraus*

Welch ein Vorgang während der Jahrtausende, in denen Steine, Holz, Binsen, Fasern, Häute, Metalle zu Werkzeug, Gefäß, Matte zurechtgebogen, -geknetet, -gewebt, -getastet, -gehämmert werden, wobei praktische Notwendigkeiten sich mit spielerischen Trieben, naheliegenden Zweckmäßigkeiten, sehnsuchtsvollem Traum, erfinderischer Begabung paaren! *Eugen Diesel*

Eine Erfindung weckt die andere auf; eine Tätigkeit erweckt die andere. *Johann Gottfried Herder*

Selbst erfinden ist schön, doch
glücklich von andern Gefundnes
fröhlich erkannt und geschätzt,
nennst du dies weniger dein?

Johann Wolfgang von Goethe

Erfindungen, nicht Dichtungen, Eroberungen oder Religionen bezeichnen die großen Stufen der Kulturentwicklung.

Richard Coudenhove-Kalergi

Eine große Entdeckung entsteht in ihren frühesten Anfängen fast immer in verworrener und zusammenhangloser Form. Der Entdekker selbst begreift sie allenfalls zur Hälfte. Für alle übrigen bleibt sie ein Buch mit sieben Siegeln.

Freeman John Dyson

Die einen, so scheint mir, haben viele Werkzeuge und wenig Ideen; die anderen haben viele Ideen und gar keine Werkzeuge.

Denis Diderot

Der menschliche Geist pflegt auf diesem Lauf nach Erfindungen linkisch und oft so schlecht in Form zu sein, daß er sich anfangs wenig zutraut und sich bald nachher verachtet. Und zunächst erscheint es ihm unglaublich, daß so etwas überhaupt gefunden werden kann. Nachdem es aber erfunden worden ist, erscheint es ihm vielleicht wiederum unglaublich, daß dies den Menschen so lange haben entgehen können.

Francis Bacon

Diese drei Wegstrecken: die Konzeption des Gedanken, seine Verkörperung und schließlich seine Verbreitung und Anwendung muß in mehr oder weniger mühevoller Weise jede Erfindung zurücklegen, ehe wir sie als eine solche anerkennen sollten.

Max Eyth

Eine Erfindung besteht aus zwei Teilen: der Idee und ihrer Ausführung. *Rudolf Diesel*

Die menschlichen Erfindungen gehören dem Geiste an, und solches Naturwerkzeug ist höher zu achten als der Naturgegenstand.

Georg Wilhelm Friedrich Hegel

Was ist denn das Erfinden? Es ist der Abschluß des Gesuchten.

Johann Wolfgang von Goethe

Eine Erfindung ist niemals ein rein geistiges Produkt, sondern nur das Ergebnis des Kampfes zwischen Idee und körperlicher Welt; deshalb kann man auch jeder fertigen Erfindung nachweisen, daß ähnliche Gedanken mit mehr oder weniger Bestimmtheit und Bewußtsein auch Anderen, oft schon lange vorher, vorgeschwebt haben. *Rudolf Diesel*

Sehen, was jeder gesehen, und dabei denken, was niemand gedacht hat.

Albert von Szent-Györgyi

Es gibt nichts Törichteres im Leben, als zu erfinden.

James Watt

Ebensowenig wie der, der nur mit der Eisenbahn zu reisen gewohnt ist, jemals neue Länder entdecken wird, so wenig wird der am Wohlbekannten allein geschulte Chemiker einen technischen Fortschritt bewirken. In der Technik herrscht aber das Gesetz des Erstgekommenen mit grausamer Strenge.

Wilhelm Ostwald

Wer der Erste, der der Beste.

Sprichwort

Ein wenig zu spät ist viel zu spät.

Sprichwort

Erkenntnis und Empfindung
gehen immer Hand in Hand.
Friedrich Hebbel

Wie Erfinden angenehmer als Ausarbeiten, so ist's Sprechen mehr als Schreiben.
Georg Christoph Lichtenberg

Es ist schön, so zu gestalten und zu erfinden, wie ein Künstler gestaltet und erfindet. Aber ob die ganze Sache einen Zweck gehabt hat, ob die Menschen dadurch glücklicher geworden sind, das vermag ich heute nicht mehr zu entscheiden. *Rudolf Diesel*

Faulheit ist die Mutter aller Erfindungen. *Curt Goetz*

Konstruktion ist alles, was nach dem Stande der Technik kraft der normalen technischen Hilfsmittel zu erreichen ist; Erfindung ist, was darüber hinausgeht und nur durch ein über die technischen Kenntnisse hinausgehendes Aperçu gefunden werden kann.

Josef Kobler

Ursache aller Erfindungen ist nicht der Spieltrieb, nicht der Zufall, nicht Bedürfnis, nicht Not, nicht ein bewußter oder unbewußter Nachahmungstrieb des in der Natur Erschauten: es ist der schöpferische Drang im Geist des Menschen, die Lust am Zeugen, die Freude am Erschaffen.

Max Eyth

Alle Erfindungen entstehen der Bequemlichkeit zuliebe.

Erich Kästner

Der Urquell aller technischen Errungenschaften ist die göttliche Neugier und der Spieltrieb des bastelnden und grübelnden Forschers und nicht minder die konstruktive Phantasie des technischen Erfinders.

Albert Einstein

Die größten Erfindungen sind keineswegs aus dem Gefühl der Not hervorgegangen, sie hatten im Gegenteil die größte Mühe, gegen den oft fanatischen Widerstand der nächstbeteiligten Kreise aufzukommen.

Max Eyth

Nicht die Not bringt all diese Erfindungen hervor, sondern die Erfindungen haben die größte Not, den Widerstand zu überwinden, mit dem ihnen eine wohlgeordnete, im großen und ganzen selbstzufriedene Welt von allen Seiten entgegentritt.

Max Eyth

Das Erfinden aus der Luft war nie meine Sache; ich habe die Welt stets für genialer gehalten als mein Genie.

Johann Wolfgang von Goethe

Alles Erfinden kann als eine weise Antwort auf eine vernünftige Frage angesehen werden.

Johann Wolfgang von Goethe

Nicht daß man etwas Neues zuerst sieht, sondern daß man das Alte, das Altbekannte, von Jedermann Gesehene und Übersehene wie neu sieht, zeichnet die eigentlichen originalen Köpfe aus. Der erste Entdecker ist gemeinhin jener ganz gewöhnliche und geistlose Phantast – der Zufall.

Friedrich Nietzsche

Wie hätte der Zufall der Technik helfen können, wenn nicht ein individuelles Gehirn im Augenblick des Zufalls erkennen würde, wie er technisch zu verwerten ist, wie und wo die Kräfte, die der Zufall zusammengeführt, nun bewußt einzufügen sind.

Robert Mayer

Das Erfundene kann vervollkommnet, das Geschaffene nur nachgeahmt werden.

Marie von Ebner-Eschenbach

Das Nützliche ist nicht weit entfernt vom Notwendigen.

Chairemon

Erfindungen, Entdeckungen und Verbesserungen der zahlreichsten und verschiedensten Art, deren Tragweite und Bedeutung oft niemand voraussehen kann, werden oft gemacht, sie treten in Wirksamkeit und revolutionieren und gestalten je nach ihrer Bedeutung die menschliche Lebensweise, die ganze Gesellschaft.

August Bebel

Zu einer Erfindung gehört schlechterdings die erfolgreiche Verwirklichung des Gedankens.

Max Eyth

Erfindungen gleichen neuen Schöpfungen und sind Nachahmungen der göttlichen Werke.

Francis Bacon

Gar vieles kann lange erfunden, entdeckt sein, und es wirkt nicht auf die Welt; es kann wirken und doch nicht bemerkt werden, wirken und nicht ins Allgemeine greifen: Deswegen jede Geschichte der Erfindung sich mit den wunderbarsten Rätseln herumschlägt.

Johann Wolfgang von Goethe

Not macht erfinderisch.

Sprichwort

Wenn wir einmal aus diesen zahllosen neuen Forschungen ein sich ineinanderfügendes Bild bekommen haben, dann werden wir sehen, daß weit mehr unscheinbare Erfindungen gemacht wurden, die der Menschheit nutzen als Großerfindungen.

Franz M. Feldhaus

Eine technische Erfindung bekommt erst Wert und Bedeutung, wenn die Technik selbst so weit vorgeschritten ist, daß die Erfindung durchführbar und ein Bedürfnis geworden ist.

Werner von Siemens

Nicht die Idee, die Durchführung der Idee ist Erfindung.

Eugen Diesel

Wer richtig raissoniert, erfindet auch; und wer erfinden will, muß raissonieren können. Nur die glauben, daß sich das eine von dem andern trennen lasse, die zu keinem von beiden aufgelegt sind.

Gotthold Ephraim Lessing

Es ist nicht genug, daß man etwas erfindet, man muß auch merken, daß man etwas erfunden hat.

Karl Steinbuch

Auch kleinen Kreaturen gelingen große Kreationen.

Stanislaw Jerzy Lec

Das Wesentlichste an jeder Erfindung tat der Zufall, aber den meisten Menschen begegnet dieser Zufall nicht.

Friedrich Nietzsche

Kein langes Nachdenken kann die Erfindung ersetzen, die bloß Sache des Moments ist.

Johann Wolfgang von Goethe

Der allgemeine Gang der Erfindungen gehört einem allgemeinen Typus an: eine Reihe aufeinanderfolgender, fast ununterbrochener Umformungen des gegebenen Stoffs, und eine Schwelle – ein jähes Voraussehen der Zukunft einer seiner Möglichkeiten.

Paul Valéry

Wer unruhevollen, hellen Geist
hat, scharfen Blick
Und auch viel Glück,
Entdeckt;
Doch wer, um Mitternacht vom
Genius geweckt,
Urkraft, Verhalt und Schönheit tief
ergründet,
nur der erfindet.
Friedrich Gottlieb Klopstock

Erfinden ist eine Sache, und eine andere, die Erfindung in Wirksamkeit treten lassen.
Marc Isambard Brunel

Immer liegt zwischen der Idee und der fertigen Erfindung die eigentliche Arbeits- und Leidenszeit des Erfinders. *Rudolf Diesel*

Wenn wer immer glaubt,
daß meine Erfindung lediglich
in der einfachen Weglassung
des Schiebers und direktem
Aufsetzen des Zündrohres bestanden habe und daß damit aus
der gesperrten Zündung sofort
eine brauchbare offene Zündung
geschaffen gewesen sei, so wäre
dies ein gewaltiger Irrtum.
Es war ein langer Weg, brauchte
unendliche Versuche und die
unablässige zielbewußte Arbeit
des praktisch erfahrenen
Ingenieurs, um trotz der anfänglich gänzlich abschreckenden
Resultate bei diesen Versuchen
mit der freien Zündung ...
nicht zu erlahmen.

Gottlieb Daimler

Je tiefer eine neue Erfindung in die allgemeinsten Verhältnisse des geselligen Lebens eingreift, je dringender das Bedürfnis ist, dem sie abhilft, und je einfacher die Prinzipien sind, auf welchen sie beruhet; je mehr Widerspruch muß sie finden: denn schon bey ihrem ersten Beginnen durchkreuzet eine solche Erfindung die Privat-Interessen derjenigen Parteyen, die mit großer Klugheit auf die unentbehrlichsten Bedürfnisse der menschlichen Gesellschaft ihren Vorteil gründen, und beleidigt die Eitelkeit und Selbstsucht anderer, die selbst Nichts leisten, aber eben darum unaufhörlich vom Neide und von einer strafbaren Scheelsucht gepeinigt werden, sobald im Gehirne eines Dritten irgend etwas Nützliches gedeihen will. *Paul T. Meißner*

Das Entdecken und Erfinden bringt ... Stunden höchsten Genusses, aber auch Stunden größter Enttäuschung und harter, fruchtloser Arbeit.

Werner von Siemens

Erfinden ist wenig, aber die Erfindung verbreiten ist alles.

Sprichwort

Man hat öfter gesehen, daß eine relative Unwissenheit zum Erfinden nützlich ist, da sie die Kühnheit begünstigt.

Theodule Ribot

Die Entstehung der Idee ist die freudige Zeit der schöpferischen Gedankenarbeit, da alles möglich scheint, wie es noch nichts mit der Wirklichkeit zu tun hat. – Die Ausführung ist die Zeit der Schaffung aller Hilfsmittel zur Verwirklichung der Idee, die immer noch schöpferisch, immer noch freudig, die Zeit der Überwindung der Naturwiderstände, aus der man gestählt und erhöht hervorgeht, auch wenn man unterliegt. – Die Einführung ist die Zeit des Kampfes mit Dummheit und Neid, Trägheit und Bosheit, heimlichen Widerstand und offenem Kampf der Interessen, die entsetzliche Zeit des Kampfes mit Menschen, ein Martyrium, auch wenn man Erfolg hat. *Rudolf Diesel*

Erfinden setzt eine weitläufige Selbstbetrachtung der Dinge voraus, man muß mehr sehen, als sich sagen lassen.

Georg Christoph Lichtenberg

Immer wird nur ein geringer Teil der hochfliegenden Gedanken der körperlichen Welt aufgezwungen werden können, immer sieht die fertige Erfindung ganz anders aus als das vom Geist ursprünglich geschaute Ideal, das nie erreicht wird. Deshalb arbeitet auch jeder Erfinder mit einem unerhörten Abfall von Ideen, Projekten und Versuchen. Man muß viel wollen, um etwas zu erreichen. Das wenigste davon bleibt am Ende bestehen.

Rudolf Diesel

Wie oft verwechselt man Einfälle mit Ideen. *Friedrich Hebbel*

Alles, was wir Erfinden, Entdecken im höheren Sinne nennen, ist die bedeutende Ausübung, Betätigung eines originellen Wahrheitsgefühles, das im stillen längst ausgebildet, unversehens mit Blitzesschnelle zu einer fruchtbaren Erkenntnis führt. Es ist eine aus dem Innern am Äußeren sich entwickelnde Offenbarung, die den Menschen seine Gottähnlichkeit vorahnen läßt. Es ist eine Synthese von Welt und Geist, welche von der ewigen Harmonie des Daseins die seligste Versicherung gibt.

Johann Wolfgang von Goethe

Wenn einer etwas erfindet, ganz gleich was, so ist das eine Tat des reinen Genius, und in einem merkantilen Zeitalter wie dem unseren verrät es beachtlichen physischen Mut. *Oscar Wilde*

Diese drei Wegstrecken: die Konzeption des Gedankens, seine Verkörperung und schließlich seine Verbreitung und Anwendung muß in mehr oder weniger mühevoller Weise jede Erfindung zurücklegen, ehe wir sie als eine solche anerkennen sollten.

Max Eyth

... wie das mit den Erfindungen ist, man findet sie nicht, sondern sie finden uns. *Matthias Claudius*

Eine jede Idee tritt als ein fremder Gast in die Erscheinung, und wie sie sich zu realisieren beginnt, ist sie kaum von Phantasie und Phantasterei zu unterscheiden.

Johann Wolfgang von Goethe

Erfinden: das muß sehr ähnlich sein, wie wenn man aus dem eintönigen Fall von Wassertropfen, aus dem Schütteln eines Zugs oder dem rhythmischen Stoßen einer Maschine eine Melodie heraushört ... *Paul Valéry*

Man schwingt sich nicht zu großen Wahrheiten auf ohne Enthusiasmus: kalten Blutes diskutiert man, aber man erfindet nichts.

Vauvenargues

Viele von uns sind vertraut mit jenem intensiven Denken, mit dem ruhelosen Spiel der Phantasie, mit den kapriziösen Stimmungen des Augenblicks, die uns heute wie hellsehend machen, morgen in unbehagliche Nebel hüllen, in denen nichts gelingen will. Das ist der Ursprung, der Nährboden, der geistige Kern jeder Erfindung. *Max Eyth*

Ideen an und für sich haben nur einen sehr geringen Wert. Der Wert einer Erfindung liegt in ihrer praktischen Durchführung, in der auf sie verwendeten geistigen Arbeit, den auf sie verwendeten Arbeits- und Geldsummen.
Werner von Siemens

Die wahren Wahrheiten sind die, welche man erfinden kann.

Karl Kraus

Mit Blitzen kann man die Welt erleuchten, aber keinen Ofen heizen. *Friedrich Hebbel*

Durch Erfindungen sein Glück machen, ist eine sehr schwere Arbeit, die wenige zum Ziel führt und schon unzählige zugrunde gerichtet hat.

Werner von Siemens

Nicht die geniale Vergangenheit wirkt auf die Zeit, sondern die geniale Gegenwart, d. h. die Neuheit.

Georg Christoph Lichtenberg

Die Erfindungen für die Menschen werden unterdrückt, die Erfindungen gegen sie gefördert.

Bertolt Brecht

Die Patente bringen weniger ein als die wirtschaftliche Nutzung der Patente; bedeutet das vielleicht – statt einer Ausbeutung der Intelligenz durch die Kaufleute –, daß die Verwaltung der Erfindung den Rang abläuft und daß das Talent des Verwalters das seltenste Talent ist.

Antoine de Saint-Exupéry

Die Wirkung der Erfindungen und Verbesserungen in den produktiven Gewerben ist, Arbeit zu ersparen ...

Henry George

Nicht Mangel an Ideen – denn man hat immer welche –, sondern an neuen macht Langeweile.

Georg Christoph Lichtenberg

Ob Erfindungen durch richtige Beurteilung und Benutzung der obwaltenden Verhältnisse des praktischen Lebens zur Ansammlung von Reichtum führen oder nicht, hängt vielfach vom Zufall ab. Leider wirken aber die Beispiele mit glücklichem Erfolge sehr anreizend und haben ein Heer von Erfindern anwachsen lassen, das ohne die nötigen Kenntnisse und ohne Selbstkritik sich aufs Entdekken und Erfinden stürzt und daran meist zugrunde geht.

Werner von Siemens

Erfindungen, die von ihrer Zeit geboren werden, müssen nutzlos bleiben, bis das Niveau des allgemeinen Verständnisses hoch genug gestiegen ist, um sie aufgreifen zu können.

Louis Napoleon

Nur in enger Verbindung mit der Fabrikation zur Lösung direkt vorliegender Fragen wird die Erfindungstätigkeit nützlich und sicher erfolgreich.

Werner von Siemens

Ich will nicht wissen, was Sie gefunden haben, sagen Sie mir bitte, was Sie nicht gefunden haben.

Robert Wilhelm Bunsen

Suche das kürzeste Verfahren.
Leonardo da Vinci

Erfinden heißt ..., einen aus einer großen Reihe von Irrtümern herausgeschälten richtigen Grundgedanken durch zahlreiche Mißerfolge und Kompromisse hindurch zum praktischen Erfolge zu führen. *Rudolf Diesel*

Es ist viel mehr schon entdeckt, als man glaubt.
Johann Wolfgang von Goethe

Die Geschicklichkeit und Fertigkeit im Technischen und Handwerksmäßigen macht selbst eine Seite des Genies aus.
Georg Wilhelm Friedrich Hegel

Nutzen ist der größte Reichtum.
Sprichwort

Die Wirkung der Erfindungen und Verbesserungen in den produktiven Gewerben ist, Arbeit zu ersparen, d. h., dasselbe Ergebnis mit weniger Arbeit als zuvor zu erreichen, oder ein größeres mit gleicher Arbeit.
Henry George

Alle Künste und Geschicklichkeiten der Menschen haben nur dadurch Fortschritte gemacht, daß sie sich erlaubt haben, von der Tradition und der väterlichen Weise abzugehen, indem sie nützliche Neuerungen aufgenommen haben. *Aristoteles*

Solange alles beim Alten bleibt, braucht ein technisch gut eingefahrener Betrieb keine Wissenschaft. Aber wo bleibt denn irgend etwas beim Alten? In der Technik am wenigsten. Und so muss diese immer wieder auf die Reserven zurückgreifen, welche die Wissenschaft für sie bereit gestellt hat...

Wilhelm Ostwald

Neuerung macht Teuerung.

Sprichwort

Es sind zwei Gefühle, die schwersten, zu überwinden: gefunden zu haben, was schon gefunden ist, und nicht gefunden zu sehen, was man hätte finden sollen.

Johann Wolfgang von Goethe

Nichts mutet veralteter an, als was gestern neu war.

Atanas Daltschew

Nichts bewahrt gewiß so sicher vor Unsinn als Tätigkeit – technische Wirksamkeit. *Novalis*

Das ewig Unbegreifliche an der Welt ist ihre Begreiflichkeit.

Albert Einstein

Das Technische stellt sich ein, wenn das Bedürfnis vorhanden ist.

Georg Wilhelm Friedrich Hegel

Leute, die sehr viel gelesen haben, machen selten große Entdeckungen.

Georg Christoph Lichtenberg

Die Geschichte der Erfindungen lehrt, daß die Väter großer entwicklungsfähiger Ideen selten die Früchte ihrer Ideen ernten. Deshalb bleiben sie aber doch die eigentlichen Wohltäter der Menschheit.

Otto Lilienthal

Die Erfinder haben einige der größten Weltindustrien in Bewegung gesetzt. Ihnen verdankt die Gesellschaft die Befriedigung vieler Hauptbedürfnisse des Lebens, der Bequemlichkeit und des Luxus; durch ihren Geist und ihre Arbeit ist das tägliche Leben in allen Beziehungen leichter und genußreicher geworden.

Samuel Smiles

Erfindungsgabe ist der einzige Beweis von Genie.

Vauvenargues

Jedes Zeitalter schwebt in einer Atmosphäre gemeinsamer Gesittungen und Gedanken, und es ist ebenso natürlich, daß dieselben Entdeckungen von verschiedenen Personen und ungefähr um dieselbe Zeit selbständig gemacht wurden, als daß in verschiedenen Gärten Früchte einerlei Art zu gleicher Zeit zu Boden fallen.

Johann Wolfgang von Goethe

Dem Ersten gebührt der Ruhm, wenn auch die Nachfolger es besser gemacht haben.

Sprichwort

Glücklich darf sich schon der Erfinder schätzen, wenn die orthodoxe Wissenschaft des Augenblicks ihm zunächst nicht nachweise, daß seine Pläne gegen den gesunden Menschenverstand und die Gesetze der Natur verstoßen, wie es einigen der größten Erfindungen, z. B. der Lokomotive gegenüber, geschah.

Max Eyth

Der eigentliche Entdecker ist der, der den neuen Gedanken gehabt hat. Experimente sind zwar auch nötig, doch ist es leichter, diese anzustellen als den Gedanken zu finden, und Experimente kann auch ein anderer anstellen.

Hermann von Helmholtz

Unglück ist oft das Los des vorzeitigen Erfinders, obwohl seine Nachfolger Ruhm und Nutzen ernten mögen. Darum legt ihnen die Gabe der Erfindung nicht selten das Joch des Leides auf.

Samuel Smiles

Ein großes Genie wird selten seine Entdeckungen auf der Bahn anderer machen. Wenn es Sachen entdeckt, so entdeckt es auch gewöhnlich die Mittel dazu.

Georg Christoph Lichtenberg

Wenn das Genie auch immer Erfindungsgabe voraussetzt, so setzt doch nicht jede Erfindung Genie voraus.

Helvetius

Der Ausspruch, daß der Dichter geboren und nicht gemacht wird, kann in gleichem Maße auf den Erfinder angewendet werden, obwohl er wie die anderen der Kultur und den gesteigerten Möglichkeiten verpflichtet ist, trotzdem erfindet und seine Erfindungen immer fortsetzt, hauptsächlich um seinen eigenen Instinkt zu befriedigen. Der Erfinder ist hingegen nicht ein Schöpfer wie der Dichter, sondern hauptsächlich einer, der etwas ausfindig macht. Seine Kraft besteht vorwiegend in schneller Auffassungsgabe und genauer Beobachtung und in dem Erblicken und Voraussehen der Wirkungen gewisser mechanischer Kombinationen.

Er muß die Gabe der Einsicht besitzen ebensowohl wie die der Handfertigkeit, kombiniert mit den unentbehrlichen Eigenschaften der Geduld und der beharrlichen Zähigkeit. Denn obwohl seine Pläne – wie es oft vorkommt – durchkreuzt werden, muß er bereit sein, unbesiegt sich wieder aufzurichten, sogar im Augenblick der Niederlage.

Samuel Smiles

Wer ein Werkzeug ersonnen hat und herstellt, das seines Wissen nach nie hergestellt worden ist, ist ein Erfinder. *Max Eyth*

Immer bleibt alles noch zu entdecken. *Paul Valéry*

Das Erfinden ist an keinen zukünftigen Beruf gebunden.

Max Eyth

Der Entdecker wird bei seinen Arbeiten sich beständig fragen: ist das neu, was ich eben sehe? der Erfinder dagegen beantwortet sich eine der beiden Fragen: wozu kann ich dies bestimmte Ding brauchen? oder: wie kann ich diese bestimmte Aufgabe lösen?

Wilhelm Ostwald

In der Gabe, alle Vorfälle des Lebens zu einem oder seiner Wissenschaft Vorteil zu nutzen, darin besteht ein großer Teil des Genies.

Georg Christoph Lichtenberg

Die Freude des ersten Gewahrwerdens (des sogenannten Entdeckens) kann uns niemand nehmen. Verlangen wir aber auch Ehre davon, die kann uns sehr verkümmert werden, denn wir sind meistens nicht die ersten.

Johann Wolfgang von Goethe

Ein Original ist heute, wer zuerst gestohlen hat.

Karl Kraus

Ist das Erfinden Sache der Genialen, so ist die treffende Wahl Sache der Verständigen.

Baltasar Gracian

Am Werke erkennt man den Meister. Sprichwort

Jeder, der eine neue Idee hat, ist ein Spinner, bis die neue Idee einschlägt. *Mark Twain*

Armut macht die Erfindungen, Reichtum benutzt sie.

Sprichwort

Das Erfinden und Machen des Technikers beruht nicht bloß auf Wissenschaft und Handwerk, sondern auch, und zwar nicht im geringen Grade, auf Geistestätigkeiten, die künstlerisch genannt werden müssen. Es erfordert einen sehr ausgebildeten Formen- und Ordnungssinn, um z. B. eine schöne Maschinen- oder Brückenkonstruktion zustande zu bringen.

Ferdinand Redtenbacher

Häufiger findet derjenige etwas Neues, welcher eine Kunst nicht versteht, als derjenige, welcher sie versteht. Gleichermaßen ein Autodidakt eher als ein anderer. Er bricht nämlich durch eine von den übrigen nicht betretene Bahn und Pforte und findet eine andere Ansicht von den Dingen. Alles Neue bewundert er und untersucht er, während die übrigen daran als vor etwas Bekanntem vorüberrollen.

Gottfried Wilhelm Leibniz

Beim Erfinden ist die Tätigkeit des Technikers der des Künstlers nah verwandt. ... Erfinder und Künstler wollen gestalten.

Sprichwort

Der Fehler der meisten Erfinder ist, daß sie ein paar Sachen ausprobieren und dann aufhören. Ich höre nie auf, bis ich erreicht habe, was ich will.

Thomas Alva Edison

Nicht alle sind Erfinder, doch will jedermann dafür gehalten sein.

Johann Wolfgang von Goethe

Wir sind zu einem Punkte gelangt, wo unser einziges Heilmittel nur darin besteht, zu erfinden und auf allen Gebieten zu erfinden. Man könnte sich keine herrlichere Aufgabe denken. Erfindet! So heißt die Parole. Also gut, ihr jungen Leute, auf denn!

José Ortega y Gasset

Schon der Nutzen einer einzelnen Erfindung hat die Menschen so erregt, daß sie den Erfinder, der das gesamte Menschengeschlecht durch eine Wohltat sich ergeben machte, für einen Menschen höherer Art gehalten haben. Um wieviel erhabener wird es nun erscheinen, etwas zu entdecken, wodurch alles andere leichter erfunden werden kann!

Francis Bacon

Kreativität ist kennzeichnend für die menschliche Art: das Entdecken, Erfinden, Fabulieren, Bilden, Komponieren und Projektieren ist tief in der menschlichen Konstitution verwurzelt.

Karl Steinbuch

Jeder Erfinder ist ein Märtyrer seiner Originalität.

Ludwig Tieck

Nur diejenigen Erfinder eröffnen der Entwicklung der Menschheit neue Bahnen, die ihr ganzes Sein und Denken dieser Fortentwicklung um ihrer selbst willen widmen. *Werner von Siemens*

... denn sie (die Erfinder) sind die wahren Wohltäter der Menschheit und verdienen größere Ehre als die, welche beweinenswerte Schlachten lieferten und große Länder eroberten, ohne zu verstehen ihr eigenes Land glücklich zu machen.

Karl Julius Weber

Wer einen Gedanken findet, der uns auch nur ein wenig tiefer in das ewige Geheimnis der Natur blicken läßt, dem ist eine große Gnade zuteil geworden. Wer dazu noch die Anerkennung, Sympathie und Förderung der Besten seiner Zeit erfährt, der erlangt fast mehr Glück, als ein Mensch ertragen kann.

Albert Einstein

Erfinder: ein Mensch, der Räder, Hebel und Federn auf sinnreiche Weise zusammenstellt und glaubt, das sei Kultur.

Ambrose Bierce

Opfer müssen gebracht werden.

Otto Lilienthal

Der Wert einer Erfindung liegt in ihrer praktischen Durchführung, in der auf sie verwendeten geistigen Arbeit, den auf sie verwendeten Arbeits- und Geldsummen.

Werner von Siemens

Immer wird nur ein geringer Teil der hochfliegenden Gedanken der körperlichen Welt aufgezwungen werden können, immer sieht die fertige Erfindung ganz anders aus als das vom Geist ursprünglich geschaute Ideal, das nie erreicht wird. *Rudolf Diesel*

Ein Volk von lauter Bauern würde wenig entdecken und erfinden: aber müßige Hände geben tätige Köpfe. *Arthur Schopenhauer*

Begraben ist in ewiger Nacht
Der Erfinder großer Name zu oft,
Was ihr Geist grübelnd entdeckt,
nutzen wir;
Aber belohnt Ehre sie auch?
Friedrich Gottlieb Klopstock

Der erste Schritt ist ein Einfall … aber dann tauchen die Schwierigkeiten auf. Zuerst klappt das eine nicht mehr und dann das andere – Mucken, wie wir die kleinen Fehler und Schwierigkeiten nennen, zeigen sich, und monatelanges angespanntes Suchen, Forschen und Arbeiten ist notwendig, bevor mit Sicherheit von einem kommerziellen Erfolg – oder auch einem Fehlschlag – gesprochen werden kann. *Thomas Alva Edison*

Der Mann, welcher bewirkt, daß da zwei Ähren wachsen, wo vorher nur eine gediehen ist, hat seinem Vaterlande mehr genutzt, als ein Feldherr, der 100 Schlachten gewonnen hat.

Jonathan Swift

Das Geheimnis all derer, die Erfindungen machen, ist, nichts als unmöglich anzuschauen.

Justus von Liebig

Fast alle großen Erfinder sind Eklektiker.

Max Maria von Weber

Genie ist 99 Prozent Transpiration und 1 Prozent Inspiration.

Thomas Alva Edison

Das Sammeln von Tatsachen und das Verbinden von Tatsachen sind zwei sehr mühsame Beschäftigungen ... *Denis Diderot*

Wer heute im Beichtstuhl der Erfinder, dem Patentanwaltsbüro, sitzt, sieht wohl alle Abstufungen menschlichen Elends und menschlichen Glücks an sich vorüberziehen, von dem schleichenden Bankrott ... bis hinauf zum Millionenerfolg, der dem genialen Urheber scheinbar mühelos zufällt ...

Emil Du Bois-Reymond

Man muß das Brett bohren, wo es am dicksten ist.

Friedrich Schlegel

Es gibt in der Welt der wissenschaftlichen und praktischen Technik zahllose Hilfsmittel, die in der verschiedensten Weise kombiniert werden können, um ein bestimmtes Ziel zu erreichen. In dieser mit dem unübersehbaren Reichtum vorangegangenen Schaffens gefüllten Schatzkammer sucht der Erfinder nach den ihm passend erscheinenden Werkzeugen, mag aber erfolglos monatelang suchen. Er ist in der Lage des arbeitsamen Poeten, auf dessen Stundenplan wir die Bestimmung finden: Mittwoch und Samstag von 11.00 Uhr bis 12.00 Uhr: Dichten. Verse wird dieser Herr wohl zustande bringen, Gedichte nie; sinnreiche Konstruktionen, werden jenen vielleicht gelingen, Erfindungen wird er auf diese Weise nicht machen. Erfinder dieser Art sind die Handwerker des Geistes, achtbare und persönlich meist erfolgreichere Leute als die andern. Nur diese andern sind seine Künstler, seine Poeten, seine wahren Erfinder.

Max Eyth

In keiner Zeit war das Bedürfnis so elementar wie in der heutigen, sich für das Genie zu entschädigen.

Karl Kraus

Erfinde stets, doch werde kein Erfinder, in Arbeit such dein Glück, sonst darben deine Kinder.

Eugen Langen

Höchste Leistungen in Wissenschaft und Technik werden in der Regel von kreativen Persönlichkeiten getragen, die sich durch schöpferische Neugier, kritische Phantasie, kombinatorisches Denken, Mut zur Tat, außergewöhnlichen Fleiß, nicht erlahmende Ausdauer und kooperative Arbeitsweise auszeichnen.

Manfred von Ardenne

Wenn A für Erfolg steht, gilt die Formel A = X + Y + Z; X ist Arbeit, Y die Muße und Z heißt Mundhalten. *Albert Einstein*

Während man die Götterbilder anbetet, verachtet man die Verfertiger. *Seneca*

Es gibt drei Vorrechte des Genies: wissen, ohne gelernt zu haben; richtige Schlußfolgerungen aus unbekannten Voraussetzungen ableiten; die Seele der Dinge unterscheiden.

Ambrose Bierce

Genialischer Scharfsinn ist scharfsinniger Gebrauch des Scharfsinns. *Friedrich Schlegel*

Der Erfindergeist der Menschheit ist gewaltig. Nichts Gewaltigeres lebt als der Mensch.

Lion Feuchtwanger

Der Mensch gewöhnt sich rasch an die Wunder, die er selber vollbringt. *Francois Mauriac*

Georgius Agricola

X. BERGBAU UND METALLURGIE

Wenn die Natur an die Bildung von Gestein geht, erzeugt sie eine Art von Brei, der beim Trocknen zusammenbäckt mit den Dingen, die darin eingeschlossen sind; aber sie verwandelt diese nicht in Stein, sondern bewahrt sie in der Form, die sie da gefunden hat.

Leonardo da Vinci

Wo das Eisen wächst in der Berge Schacht, Da entspringen der Erde Gebieter.

Friedrich Schiller

Der ist der Herr der Erde Wer ihre Tiefen mißt. *Novalis*

Bergleute, Werkleute, ansehnliche Leute. Sprichwort

Ein Bergmeister soll von Schlegel und Eisen herkommen.

Sprichwort

Der beste Bergmann ist noch kein Goldschmied. Sprichwort

Das Inseltlicht brennt ohn' Gefunkel. Im Innern der Natur ist's dunkel. *Hieronymus Jobsen*

Die falschen Naturdeuter behaupten, daß das Quecksilber in allen Metallen gemeinsamer Urstoff sei; aber sie vergessen dabei, daß die Natur die Urstoffe verschieden wählt, je nach der Verschiedenheit der Dinge, die sie in der Welt erzeugen will.

Leonardo da Vinci

Ein zerbrochener Hebel und Wissen ohne Wollen bringen kein Erz aus dem Stollen.

Sprichwort

Das Überraschendste von allem aber ist, daß man das Wasser mittels der sogenannten Ägyptischen Schraube hebt, die von Archimedes aus Syrakus zur Zeit seines Besuches in Ägypten erfunden wurde. Bei der Anwendung dieser Schrauben befördert man das Wasser stufenweise bis zum Schachteingang ... Da diese Maschine eine außergewöhnlich sinnvolle Einrichtung ist, wird eine so enorme Menge Wasser zutage gefördert, daß man darüber erstaunt ist. *Diodor*

Wir haben nun so ziemlich die Schlüssel, die Zusammensetzung der Körper zu lösen und zu binden; aber sollen wir sie immer nur in Beziehung auf das gemeinste und doch edelste aller Metalle am Rockschoß tragen? Es gibt 24karätiges Eisen, wie 24karätiges Gold!

Johann Conrad Fischer

Das Probieren ist eine gar herrliche, alte und nützliche Kunst...

Lazarus Ercker

Nicht jeder zum Probierer taugt;
das Jungfernblei man dazu
braucht. *Hieronymus Jobsen*

Erst prob's, dann lob's.

Lazarus Ercker

Eisen kann man nicht mit Händen brechen. Sprichwort

Wer Erze oder Metalle probieren will, muß wohl vorbereitet und über alle für die Ausführung der Arbeiten erforderlichen Dinge gut unterrichtet sein. Er soll die Tür zu dem Raum, in dem der Probierofen steht, schließen, damit nicht ein zur Unzeit Hinzukommender seine auf die Arbeit gerichtete Aufmerksamkeit stört. Die Waage ist in einem Gehäuse unterzubringen, damit sie nicht, wenn der Probierer die Metalle auswiegt, durch einen Luftzug hin- und herbewegt werde; denn das ist wesentlich für die Genauigkeit.

Georgius Agricola

Mendelejew, Dmitri J., 1834–1907, Chemiker

Meyrink, Gustav, 1868–1932, Schriftsteller

Mill, John Stuart, 1806–1873, Philosoph, Nationalökonom

Moleschott, Jakob, 1822–1893, Philosoph, Nationalökonom

Montaigne, Michel Eyquem de, 1533–1592, Moralphilosoph, Schriftsteller, Jurist

Münzinger, Friedrich, 1884–1962, Ingenieur

Murphy, Gordon J., 1927, Techniker

Napoleon, Louis, 1808–1873, franz. Kaiser

Nasmyth, James E., 1808–1890, Ingenieur

Nehru, Jawaharlal, 1889–1964, Staatsmann

Nestroy, Johann Nepomuk, 1801–1862, Dramatiker

Nexö, Martin Andersen, 1869–1954, Schriftsteller
Nietzsche, Friedrich, 1844–1900, Philologe, Lyriker, Philosoph
Novalis, eigtl. Friedrich Leopold Freiherr von Hardenberg, 1722–1801, Dichter

Oppenheimer, J. Robert, 1904–1967, Physiker
Ortega y Gasset, José, 1883–1955, Philosoph
Osler, Sir William, 1849–1919, Mediziner
Ostwald, Wilhelm, 1853–1932, Chemiker

Pagnol, Marcel, 1895–1974, Dramatiker
Pappus der Alexandriner, um 300–400 u. Z.
Pasteur, Louis, 1822–1895, Naturforscher
Patja, Christian L. A., 1748–1817, Politiker

Paul, Jean, 1763–1825, Schriftsteller
Pichler, Hans, 1882–1958, Philosoph
Planck, Max, 1858–1947, Physiker
Platt, Sir *Hugh,* 16. Jahrhundert

Quintilian, um 35–um 96, röm. Redner

Radbruch, Gustav, 1878–1949, Rechtsgelehrter
Radunskaja, Irina, Wissenschaftsjournalist
Rathenau, Walther, 1867–1922, Politiker
Redtenbacher, Ferdinand, 1809–1863, Maschineningenieur
Reitlinger, Edmund, 1882, Physiker
Reuleaux, Franz, 1829–1905, Ingenieur
Ribot, Theodule, 1839–1916, Physiologe und Philosoph
Ritter, Johann Wilhelm, 1776–1810, Physiker
Rivarol, Antoine de, 1753–1801, Schriftsteller

Roscoe, Henry Enfield, 1833–1915, Chemiker
Russell, Bertrand, 1872–1970, Mathematiker, Philosoph

Saint-Exupéry, Antoine de, 1900–1944, Schriftsteller
Sauerbruch, Ernst Ferdinand, 1875–1951, Mediziner
Schiller, Friedrich von, 1759–1805, Dichter
Schlegel, Friedrich, 1772–1829, Schriftsteller, Philosoph
Schnitzler, Arthur, 1862–1931, Schriftsteller
Schopenhauer, Arthur, 1788–1860, Philosoph
Schorlemmer, Carl, 1834–1892, Chemiker
Schweitzer, Albert, 1875–1965, Arzt
Seneca, Lucius A., um 4 v. u. Z.–65, Philosoph
Shakespeare, William, 1564–1616, Dramatiker, Dichter

Shaw, George Bernard, 1856–1950, Dramatiker, Kritiker
Siemens, Werner von, 1816–1892, Ingenieur
Smeaton, John, 1724–1792, Ingenieur, Techniker
Smiles, Samuel, 1812–1904, Schriftsteller
Smith, Adam, 1723–1790, Ökonom
Sombart, Werner, 1863–1941, Nationalökonom, Soziologe
Sophokles, 496–406 v. u. Z., griech. Tragödiendichter
Spranger, Eduard, 1882–1963, Philosoph, Pädagoge
Staudinger, Hermann, 1881–1965, Chemiker
Steinbuch, Karl, 1917, Nachrichtentechniker
Stephenson, George, 1778–1848, Ingenieur
Stodola, Aurel, 1859–1942, Ingenieur
Swift, Jonathan, 1667–1745, Schriftsteller

Szent-Györgyi, Albert von, 1893, Biochemiker

Tammsaare, A. H., eigtl. Anton Hansen, 1878–1940, Schriftsteller
Theokrit, 1. Hälfte des 3. Jh. v. u. Z., griech. Dichter
Tieck, Johann Ludwig, 1773–1853, Schriftsteller
Townes, Charles Hard, 1915, Physiker
Tredgold, Thomas, 1829, Ingenieur
Triolet, Elsa, 1896–1970, Schriftstellerin
Tucholsky, Kurt, 1890–1935, Schriftsteller

Valéry, Paul, 1871–1945, Dichter
Vauvenargues, 1715–1747, Philosoph
Vinci, Leonardo da, 1452–1519, Maler, Bildhauer, Naturforscher
Vitruv, 1. Jh. v. u. Z., röm. Architekt
Voltaire, 1694–1778, Philosoph, Schriftsteller

Wagner, Richard, 1813–1883, Komponist, Schriftsteller
Watt, James, 1736–1819, Ingenieur
Weber, Karl Julius, 1767–1832, Polyhistor, Feuilletonist
Weber, Max Maria von, 1822–1881, Techniker
Weiskopf, F. C. (Franz Carl), 1900–1955, Schriftsteller
Weizsäcker, Carl Friedrich Freiherr von, 1912, Physiker
Wells, Herbert George, 1866–1946, Schriftsteller
Wendt, Ulrich, 1855, Techniker
Wiener, Norbert, 1894–1964, Mathematiker
Wilde, Oscar, 1845–1909, Schriftsteller
Wojnar, Boguslaw, 1927–1962
Wrigth, Frank L., 1869–1959, Architekt
Wundt, Wilhelm, 1832–1920, Physiologe, Philosoph

Xenophon, um 430–354 v. u. Z., griech. Historiker u. Schriftsteller

Zbinden, Hans, 1893–1971, Soziologe
Zschimmer, Eberhard, 1873–1940, Technologe, Philosoph

QUELLENVERZEICHNIS
(Auswahl)

Ardenne, Manfred von: Ein glückliches Leben für Technik und Forschung, Berlin 1982

Beck, Ludwig: Die Geschichte des Eisens, Braunschweig 1884–1903
Beck, Theodor: Beiträge zur Geschichte des Maschinenbaues, Berlin 1899
Benz, Carl: Lebensfahrt eines deutschen Erfinders, Leipzig 1925
Bernal, John D.: Die Wissenschaft in der Geschichte, Berlin 1967
Beyer, Horst und *Annelies:* Sprichwörterlexikon, Leipzig 1985
Bierce, Ambrose: Aus dem Wörterbuch des Teufels, Zürich 1964

Brentjes, Burchhart, F. Richter, R. Sonnemann: Geschichte der Technik 1979
Bohring, Günther: Technik im Kampf der Weltanschauung, Berlin 1976
Bugge, Günther (Hrsg.): Das große Buch der Chemiker, Berlin 1929/30
Bunsen, Robert: Gesammelte Abhandlungen, hrsg. von *W. Ostwald*, Leipzig 1904

Cancrin, Franz: Kleine technologischen Werke 2 Bde., Gießen 1788

da Vinci, Leonardo: Tagebücher und Aufzeichnungen, Leipzig 1952
Diels, H.: Antike Technik, Leipzig 1924
Die Mineralogen des 18. Jahrhunderts, Frankfurt und Leipzig 1792
Diesel, Eugen: Das Phänomen der Technik, Berlin 1919

Diesel, Eugen: Diesel. Der Mensch. Das Werk. Das Schicksal, Hamburg 1937

Engels, Friedrich: Dialektik der Natur, Marx/Engels, Werke, Bd. 20
Eichelberger, Ursula: Zitatenlexikon, Leipzig 1981
Ercker, Lazarus: Das große Probierbuch, Berlin 1960
Eyth, Max: Gesammelte Schriften, Stuttgart & Leipzig 1909
Eyth, Max: Fahrtenbuch eines deutschen Ingenieurs, Berlin 1926

Feldhaus, Franz M.: Leonardo, der Techniker und Erfinder, Jena 1913
Feldhaus, Franz M.: Lexikon der Erfindungen und Entdeckungen, Heidelberg 1904
Ford, Henry: Das große Heute, das große Morgen, Leipzig 1926

Gille, Bertrand: Ingenieure der Renaissance, Düsseldorf 1968

Helmholtz, Hermann von: Philosophische Vorträge und Aufsätze, Berlin 1971

Jünger, Friedrich Georg: Die Perfektion der Technik, Frankfurt am Main 1946

Kapp, Ernst: Grundlinien der Philosophie der Technik, Braunschweig 1877
Kraus, Karl: Aphorismen und Gedichte, Auswahl 1903–1933, Ausgewählte Werke, Band 4, Berlin 1984

Lamprecht, Georg Friedrich: Lehrbuch der Technologie, Halle 1787
Lec, Stanislaw: Das große Buch der unfrisierten Gedanken, München 1971
Lem, Stanislaw: Summa technologiae, Berlin 1980

Lilley, Samuel: Menschen und Maschinen, Wien 1952
Lyell, Charles: Grundsätze der Geologie, Weimar 1842

Marx, Karl: Das Kapital, Marx/Engels, Werke, Bd. 23
Matschoß, Conrad: Große Ingenieure, München 1954
Matschoß, Conrad: Männer der Technik. Ein biographisches Handbuch, Berlin 1925
Matschoß, Conrad (Hrsg.): Technikgeschichte, Beiträge zur Geschichte der Technik und Industrie, Berlin 1909 ff.
Münzinger, Friedrich: Ingenieure, Berlin 1947

Oechelhaueser, Wilhelm von: Aus deutscher Technik und Kultur, München/Berlin 1921

Ostwald, Wilhelm: Abhandlungen und Vorträge allgemeinen Inhalts, Leipzig 1904
Ostwald, Wilhelm: Die Forderungen des Tages, Leipzig 1910
Ostwald, Wilhelm: Große Männer, Leipzig 1910
Ostwald, Wilhelm: Erfinder und Entdekker, Frankfurt am Main 1908
Ostwald, Wilhelm: Forschen und Nutzen, Berlin 1978

Saint-Exupéry, Antoine de: Carnets, Hamburg 1978
Schib, Karl, Rudolf Gnade: Johan Conrad Fischer, Schaffhausen/Schweiz 1954
Schroeter, Manfred: Philosophie der Technik, München/Wien 1972
Siebertz, Paul: Gottlieb Daimler. Ein Revolutionär der Technik, München und Berlin 1940

Siemens, Werner von: Lebenserinnerungen, Berlin 1938

Valery, Paul: Gedanken, Frankfurt/Main 1962
Vögtle, Fritz: Edison, Hamburg 1982

Wander, Karl Friedrich Wilhelm: Deutsches Sprichwörter-Lexikon, Leipzig 1867 ff.
Wendt, Ulrich: Die Technik als Kulturmacht in sozialer und geistiger Beziehung, Berlin 1906

–: Die Mineralogen des 18. Jahrhunderts, Frankfurt und Leipzig 1792
–: Goethes Werke in 12 Bänden, Berlin und Weimar 1981

1. Auflage

VLN 152-915/83/88
Printed in the
German Democratic Republic
Gesamtherstellung:
Offizin Andersen Nexö,
Graphischer Großbetrieb,
Leipzig III/18/38
Gestaltung:
Siegfried Hempel
Lektor:
Dipl.-Krist. Karin-Barbara Köhler
Redaktionsschluß: 31. 5. 1987
LSV 3009
Bestell-Nr. 542 106 0